食品动物安全生产技术丛书

猪健康高效养殖

主　编
霍永久

编著者
（按姓氏笔画排列）
王宵燕　朱荣生
宋成义　姜德兴
霍永久

金盾出版社

内 容 提 要

本书是“食品动物安全生产技术丛书”的一个分册，由扬州大学动物科学与技术学院专家编著。内容包括：猪健康高效养殖的概念和意义，猪的防疫与保健，猪的动物福利与猪场环境控制，猪主要流行性疾病的防控，猪的品种与经济杂交，猪的繁殖，猪的营养与饲料，猪的标准化饲养管理，安全优质猪肉的生产，科学处理猪场废弃物等。从理论与生产实践的结合上对猪的健康高效养殖做了较全面的介绍，内容翔实，实用性强，适合养猪场、养猪小区、养猪专业户学习使用，亦可供农业院校相关专业师生阅读参考。

图书在版编目(CIP)数据

猪健康高效养殖/霍永久主编．—北京：金盾出版社，2009.6
(食品动物安全生产技术丛书)
ISBN 978-7-5082-5672-6

Ⅰ.猪…　Ⅱ.霍…　Ⅲ.养猪学　Ⅳ.S828

中国版本图书馆 CIP 数据核字(2009)第 051819 号

金盾出版社出版、总发行
北京太平路 5 号(地铁万寿路站往南)
邮政编码：100036　电话：68214039　83219215
传真：68276683　网址：www.jdcbs.cn
封面印刷：北京印刷一厂
正文印刷：北京万博诚印刷有限公司
装订：北京万博诚印刷有限公司
各地新华书店经销
开本：850×1168 1/32　印张：6.625　字数：160 千字
2010 年 11 月第 1 版第 6 次印刷
印数：95 001～115 000 册　定价：12.00 元

序　言

随着经济的快速发展和人民生活水平的不断提高，对动物性食品的需求量不断加大。同时，人们对动物性食品质量提出了更高的要求，所需求的动物性食品必须是没有药物残留、健康的食品。但是，人们长期对养殖业可持续发展识识的不足，在动物性食品生产过程中，存在着一些安全隐患，如养殖生态环境恶化，饲料原料生产中大量使用农药、化肥，动物性食品生产和加工过程中过量使用药物、添加剂和防腐剂等，导致动物性食品安全问题频发。由于产品质量下降引发消费健康问题和由动物疫病引发的公共安全事件日益突出，动物性食品安全问题已成为制约我国养殖业发展的主要矛盾。因此，必须大力发展规模生产，积极倡导健康养殖，确实转变养殖业生产方式，构建资源节约、环境友好的新型养殖业，促进养殖业向安全、优质、高效、节耗、环境友好型方向迈进。

动物性食品的健康高效生产是个系统工程，必须从动物的品种选育、饲养环境、饲料生产、疫病防治、产品加工及流通进行全程质量控制。在生产动物性食品时，要选择良好的环境条件，防止大气、土壤和水质的污染。在不断提高养殖户的生态意识、环境意识、安全意识的同时，还应对动物性食品健康高效生产技术进行汇总和推广应用。

为了达到上述目的，金盾出版社同高等农业院校的相关专家共同策划出版了“食品动物安全生产技术丛书”。“丛书”包括猪、奶牛、肉牛、肉羊、肉鸡、蛋鸡、肉鹅、肉鸭、蛋鸭、肉兔、鱼和河蟹养殖等12个分册。该“丛书”紧紧围绕健康高效生产技术展开，从理论与生产实践的结合上，对动物性食品健康高效养殖进行了比较全面的介绍，内容翔实，实用性和科学性强，对指导当前动物性食品健康高效生产将产生极大的推动作用。

陈国宏

2008年12月于扬州市

前　言

我国养猪生产具有养殖规模大、产肉量高的优势，但也存在迫切需要解决的突出问题。主要问题包括生产水平低、污染严重和猪肉食品及制品安全性不高等，对养殖环境和人们的健康构成了威胁。随着我国社会经济的不断发展，特别是面对国际猪肉与猪肉制品市场的竞争，对猪肉产品的品质和安全性将会提出越来越高的要求。因此，积极推进猪的健康高效养殖是我国从养猪大国转变为养猪强国的必由之路。

为此，我们编写了《猪健康高效养殖》一书，作为金盾出版社组织策划的"食品动物安全生产技术丛书"的一个分册出版。为了更好地体现该丛书的特色，《猪健康高效养殖》紧密结合现代养猪技术成果，以有利于指导养猪生产实际为原则，围绕猪的"健康、高效、优质、环保、节能"组织全书的编写。

全书共分为十章。第一章主要介绍猪健康高效养殖的概念、意义；第二章至第四章主要以猪只疾病防治与环境控制为主线，介绍疾病的流行特点、主要疾病的防治，尤其是传染病的预防、控制与扑灭，还包括动物福利和猪场环境控制的内容。第五章介绍猪的品种和杂交利用。品种是高效养猪的基础，本章有重点地介绍了部分地方品种、培育品种和引入品种以及经济杂交的方法。第六章主要内容为猪的繁殖生理以及提高猪群繁殖力的技术措施。第七章和第八章主要介绍猪的营养和饲料、各类猪群的标准化饲养管理。安全优质猪肉的生产在第九章单独列出以示其重要性，主要介绍评价猪肉品质的指标以及优质和无公害猪肉生产的技术措施。猪场废弃物处理放在第十章单独加以介绍。

本书适合从事养猪生产的广大畜牧兽医科技人员、养猪专业户和农业院校相关专业师生参考，同时，可以作为畜牧兽医技术人员、养猪业相关的经营管理人员培训、学习用书。

因编者水平、经验之限制，本书中不足与错误之处在所难免，敬请广大读者提出宝贵的意见和建议。

编　者

2009年5月

目　录

第一章　绪　论

养猪业是我国畜牧业的重要组成部分。近年来，年出栏数均在 6 亿头左右，猪肉产量占肉类总产量的 1/2 以上。我国养猪生产具有地方猪品资源丰富、养殖规模大的优势，但也同时存在生产水平较低、污染较严重和猪肉食品安全性不高等比较突出的问题。猪肉产品的生产过程及其产品质量不仅与人民群众的生活密切相关，还影响到我国养猪业参与国际竞争的实力。积极推进猪的健康高效养殖是我国从养猪大国转变为养猪强国的必由之路。

一、猪健康高效养殖的概念

猪群健康是实现高效养猪的基础与手段，是保证猪肉食品安全的前提。猪群高效是目的，要求在保证健康的前提下，各个环节实施科学管理，提高猪的生产性能和人的劳动生产率。猪健康高效养殖是养猪生产伴随着人类经济、社会发展到一定阶段的必然要求，是确保猪只与人的健康、提高猪的生产性能、节约饲料资源、避免对环境造成污染、生产优质安全猪肉的整个养殖过程。猪健康高效养殖最主要的特点是：猪肉产品质量安全、无公害，具有较高的经济效益，能科学合理地利用资源。

二、发展猪健康高效养殖的意义

（一）食品安全的保障

动物性食品安全是指动物性食品中不含有可能损害或威胁人

体健康的因素，不应导致消费者急性或慢性毒害或感染疾病，或产生危及消费者及其后代健康的隐患。猪肉是我国居民消费量最大的肉食品，随着生活水平的提高，猪肉的消费量还将进一步增长，在数量基本能够满足需要的同时，对猪肉的质量，尤其对其安全性，提出了更高的要求。无公害猪肉的生产对保证人民群众的健康具有重要意义。猪的健康高效养殖是无公害猪肉的生产中最重要的环节，是猪肉食品安全的保障。

(二)参与国内外市场竞争的迫切需要

我国作为世界第一养猪大国，2006 年猪肉出口量却仅占总猪肉产量的 0.98%，占世界猪肉贸易量的 3%。导致这一问题的根本原因就是我国的猪肉食品安全度达不到国际标准要求，饲料中的农药、违禁兽药、各种添加剂有害残留超标。因此，只有大力发展猪健康高效养殖，提高生产率，降低成本，生产质量符合要求的生猪、猪肉或猪肉制品，才能迎接和面对激烈的国际猪肉市场的竞争。

(三)实现畜牧业可持续发展的要求

可持续发展是指“既满足当代人需要，又不能对后代人满足其需要的能力构成危害的发展”。养猪业作为我国畜牧业的重要组成部分，其可持续发展是畜牧业和农业可持续发展的重要组成部分，是其自身和整个畜牧业发展的客观要求。猪健康高效养殖是实现养猪业可持续发展的必然要求，这些要求包括：提供人们需要的一定数量与质量的产品，保持或不断提高猪的生产性能；保护生态环境，走生态型发展模式，减轻和解决养猪业发展带来的环境污染压力等。

三、实现猪健康高效养殖的主要途径

猪的健康高效养殖是与一系列密切联系的环节有关，包括品种、猪的繁殖、饲料营养、环境控制、疾病防治、各类猪群的饲养管理、猪场粪尿等废弃物科学的处理与利用等等，本书会在各章加以详细介绍。

（一）注重品种选择

长期以来，世界上猪育种的目标主要集中在提高胴体瘦肉率与生长速度。在取得较好进展的同时也带来了不少问题，包括猪肉品质变差，产仔数下降和适应能力降低等。目前，猪的育种目标除了要求提高生长速度、饲料转化率和瘦肉率外，更应该注重提高繁殖性能、猪肉品质和抗病能力。针对我国目前资源短缺的现状，我国养猪业的未来发展必须走资源节约型的道路，耐粗饲也应成为目前育种的目标之一。若猪的品种没选好，效益也不会太好，甚至亏本。养猪要养杂交猪，杂交猪有杂种优势，表现生活力强、生病少、生长速度快、节约饲料。各地应根据当地的经济文化水平、市场、气候环境，选择适宜的饲养品种和杂交组合。

（二）实行标准化饲养

要严格按照猪的饲养标准，合理调配各种饲料的比例关系，合理使用饲料添加剂，防止由于饲料中营养成分的不足而影响其生长潜力发挥。制定配方时要结合本地饲料情况，合理搭配，根据当地饲料资源的种类具体安排所需的饲料原料，少用或者不用不是当地产的、数量少或市场上不易购买的饲料，要防止饲料品种太少而用单一饲料喂猪的现象，保持饲料原料的稳定性，避免经常性更换饲料。选择一些量多、价廉的饲料，降低饲料成本，提高经济效益。

(三)强化环境管理

从猪场选址、规划、建造到日常饲养管理全过程均要强化环境管理。良好的环境条件有利于减少应激,增强对疾病的抵抗力,提高猪的生产性能。同时,可减轻或避免对周围环境造成污染。

(四)建立完善的疫病防治体系

采取综合措施,进行猪的疫病防治。包括引猪、科学的饲养管理、合理营养、防暑降温、防寒保暖、注意通风、加强消毒、保持合理密度、按时注射疫苗、发现不健康猪要及时隔离治疗等。由于许多种猪企业不断引入外来品种猪,猪病也被引入,如猪繁殖与呼吸综合征(也叫蓝耳病)、伪狂犬病等,各国猪病在我国聚集,使国内猪病越来越复杂。因此,社会化卫生防疫体系的建立是必要和迫切的。

(五)注重猪肉食品安全

食品安全贯穿猪的整个养殖过程。包括严格的环境控制、绿色配合饲料和添加剂使用、严格的疫病防治技术、合理应用药物。另外,猪肉制品的食品安全还包括屠宰、加工、流通和销售等环节。疾病控制和饲料安全是保证绿色养殖过程的关键因素。猪场疾病越多,越可能造成猪体药物残留、微生物的耐药性。生产中应禁止使用有毒、霉变的饲料和有残留的饲料添加剂;即使是合法的药物和添加剂也要科学使用,注意剂量和停药期。

(六)重视和加强制度建设

包括国外引种的严格控制与检疫、疾病防治规范制定、猪的科学流通体系建立等。为保证猪肉及其产品质量,相继颁布了一系列有关政策和法规,如《中华人民共和国动物防疫法》、《生猪屠宰管理条例》、《中华人民共和国饲料和饲料添加剂管理条例》、《畜牧法》等，逐步实现我国法律、法规和标准与国际接轨。要有一套严格的检验标准、监督机制和市场准入制度，逐步建立完善产品可追溯系统，实现从农田到餐桌的全过程跟踪监督。

第二章　猪的防疫与保健

高效养猪的前提是保证猪群的健康。我国规模化、集约化养猪业发展步伐很快，但猪的传染病种类也越来越多，越来越复杂。由于集约化养猪规模大，发生疫情传播快，损失严重，给养猪业造成巨大损失。在加强饲养管理的同时，必须认真搞好猪群的防疫保健。

一、近年来我国猪病发生与流行的特点

（一）疾病种类增多

猪的传染性疾病的种类增多，新增疫病特别是国外引进的疫病越来越多。通过引进种猪从国外传进来的疫病有猪繁殖与呼吸综合征、伪狂犬病、细小病毒病、猪传染性胃肠炎、猪流行性腹泻、猪圆环病毒病、猪传染性萎缩性鼻炎等。引进种猪时，要从规范猪场、无疫情的猪场引进，并且对危害大的疫病进行检疫，不能大意。

（二）多种疾病混合感染

猪群发病由原来的单一感染为主转向混合感染为主的综合征，给疾病的诊断和治疗带来困难。如大肠杆菌病与肺炎混合感染，猪流行性腹泻、传染性胃肠炎或轮状病毒性腹泻共同发生，猪瘟与副伤寒或弓形虫病并发，猪气喘病、巴氏杆菌病或猪传染性胸膜肺炎混合感染，猪瘟与附红细胞体病混合感染。猪附红细胞体病与蓝耳病混合感染，或与流感并发等。

（三）隐性感染、继发感染增多

猪群中存在常驻病原菌、条件性病原菌或病原菌处于隐性感染阶段，可能向外界排毒，在应激、不合理的防疫注射、营养不良、环境温度波动大等因素影响下发病，再继发感染其他传染性疾病。继发感染现象在规模化猪场十分普遍，如非典型猪瘟病毒低毒力毒株通常仅引起温和型猪瘟和隐性感染。妊娠母猪感染低毒力毒株时，可发展成带毒母猪综合征，母猪食欲和精神状况正常，但病毒仍可攻击子宫内胎儿，造成木乃伊、流产、死胎、产出弱仔；有些所产仔猪虽然无明显病状，但是终身带毒和排毒，接种猪瘟疫苗后不易产生免疫应答，可形成天然免疫耐受。并且经易感猪传几代后，使毒力增强，造成猪瘟的持续感染或潜伏感染。

（四）病原体出现变异

传染病病原在流行的过程中发生毒株变异，使得疫病预防控制变得越来越困难。我国南方大面积发生的猪高热病的主要病原体是高致病性猪蓝耳病病毒，为变异的猪蓝耳病病毒。

（五）呼吸道疾病增多

猪呼吸道疾病是由多种病原体（病毒、细菌等）引起的。主要的呼吸道疾病包括猪繁殖与呼吸综合征、猪圆环病毒2型（断奶仔猪多系统衰竭综合征）、猪流行性感冒、猪传染性胸膜肺炎、猪副嗜血杆菌病、猪传染性萎缩性鼻炎、猪支原体肺炎、猪附红细胞体病等。

（六）繁殖障碍疾病严重

繁殖障碍疾病种类越来越多，危害严重，发病母猪表现为不孕、流产、死胎、产木乃伊，新生仔猪表现为活力弱等症状。引起母猪繁殖障碍的疾病包括猪瘟、猪细小病毒病、猪流行性乙型脑炎、猪伪狂犬病、猪蓝耳病、猪钩端螺旋体病、猪弓形虫病和布氏杆菌病等。

（七）免疫抑制严重

免疫抑制的发生与药物滥用、营养不良、应激、不合理的免疫程序有重要关系，导致动物机体的免疫力和对多种疾病的抵抗力下降，疫苗免疫的效果也差，甚至导致免疫失败。许多病原微生物也可以使猪只产生免疫抑制，免疫抑制性疾病包括猪瘟、猪繁殖与呼吸综合征、猪圆环病毒病。

二、牢固树立养重于防、防重于治的观念

猪的健康是实现高效的前提，确保猪只健康要靠采取综合措施来实现。牢固树立和贯彻“养重于防，防重于治”、“养、防、治相结合”的方针，改变过去的“重防轻养”、“重治轻防”、养防治割裂的错误观念和做法。预防要以综合预防为主，主要包括科学引猪、检疫与隔离、环境控制、消毒、驱虫、制定科学免疫程序，要持之以恒，不可松懈，不能有侥幸心理。

猪场的分区与布局要合理，猪舍设计科学合理，要结合当地的气候特点，猪舍间距不能太小，前、后间距至少在 10 米以上为好。猪栏设计要科学，便于管理，有利于猪的运动、有利于提高人的工作效率。分娩母猪和保育仔猪尽可能实行全进全出的饲养管理制度，有条件的地方实行种猪、仔猪分开饲养或种猪、仔猪、肥猪分开饲养。控制猪舍的环境，包括对温度、湿度、通风和有害气体的控制。猪场规模要适度，大规模猪场可以分散成几个小场。

猪只要有合理的营养与饲养。饲料要满足猪的需要，饲料原料组成尽可能多样化，有条件的猪场应喂给青绿饲料。在防疫或

气候变化时要及时调整日粮组成，如免疫前、后或夏季高温期间提高日粮维生素水平有利于提高免疫效果，减少应激。

要重视饲料品质。不用发霉变质饲料，水生饲料注意清洗干净，避免虫卵的污染。

三、全面落实卫生防疫措施

（一）引种检疫

规模化养猪场要坚持实行自繁自养的原则，尽可能少引或不引种。坚持自繁自养是保证在高密度、大规模饲养条件下，避免由于大批外引猪源遭受疫病侵袭的有力措施。经常到各地引种，极易将各种病原引入本场，各种病原体在本场集中，引进猪与原有猪只对不同病原体的易感性可能不同，极易暴发各种传染病。

减少引种猪场的数量。最多从2～3个猪场引进种猪为宜，最好由特定猪场提供的健康猪群引进猪只，而不是由几个不同的猪场或猪群提供。引种前必须详细了解该猪场猪群的健康状况，要求有可靠的免疫程序，保证没有特定的传染病，比如某些疾病被净化的猪场（例如，有些猪场伪狂犬病被净化），猪场应有良好的管理、信誉，规模要大，生产稳定。

引种时应进行严格检疫，不可大意。引入猪不应有猪瘟、伪狂犬病、传染性胃肠炎、流行性腹泻等病。引种后还应在隔离舍饲养观察2～3个月，在隔离期间要完成防疫、驱虫等工作，经检疫合格后才可与原猪群合并。

（二）防疫消毒

近年来，规模猪场不断增多，猪场间猪只交流频繁，从国外引种也频繁；另外，出于节约土地和降低管理成本的需要，猪场建筑密度过大，不同区之间的间距、猪舍之间的间距都相对较小，场内养猪密度增加，通风不良，使猪场的病原体越来越复杂。猪场内外以及猪场周围都存在大量的细菌、真菌、病毒、寄生虫等病原微生物，在适当条件下可能引起猪的发病。

防疫消毒是采用物理学、化学、生物学手段杀灭和减少猪场与猪舍中病原微生物，切断疫病传播途径的一项重要技术措施，从而防止传染性疾病的发生与流行，是规模化猪场疾病综合性防治措施中最常见、最为重要的措施之一。消毒工作杀灭或清除停留在猪体表并存活的病原体、消灭疫病源头的好办法，是猪场生物安全体系的中心内容和保障，消毒是疫苗免疫和药物防治的有力补充。免疫工作中疫苗效力的充分发挥，需要清洁卫生、消毒工作为基础。但需记住的是消毒不是万能的。完整的防疫措施，必须配合卫生管理、免疫及药物防治，才能控制疾病发生；只有在做好饲养管理、环境控制、免疫、药物工作的基础上，加强消毒工作才能取得好的效果。

1. 科学选用消毒药物 常见的消毒药物有氯制剂、醛制剂、季胺盐、碘制剂、强碱、酚制剂、复合类型等。猪场应交替使用消毒药物，经常更换，以利于加强消毒效果。最好选用广谱、高效、安全、经济的消毒药。根据本场疫病种类、流行情况、消毒对象、消毒设备、猪场条件等实际需要，在不同的时期选择适合本场实际情况的 2 种或 2 种以上不同性质的消毒药物，同时考虑消毒药物的效力、稳定性、渗透性、毒性、刺激性、腐蚀性、价格等因素。充分考虑本地区的疫病种类、流行情况和疫病可能的发展趋势，选择使用或贮备针对不同疫病的 2 种或 2 种以上不同性质的消毒药物。规模化种猪场最好定期开展消毒药物的消毒效果监测，根据实际消毒效果筛选出有针对性的消毒药。

常见消毒药物包括生石灰、氢氧化钠、新洁尔灭、5%碘酊、来苏儿、百毒杀、过氧乙酸等。

(1)生石灰　对肠道传染病的病原菌有较强的消毒作用，使用时，先将生石灰与水按 1∶1 的比例，制成熟石灰，再用水配成 10%～20%的石灰乳，涂刷在圈舍的墙壁、天棚、圈栏等处消毒。将氧化钙加水生成石灰粉末可撒布于阴湿地面、粪池周围、水沟处消毒。

(2)氢氧化钠　强碱性高效消毒药，对细菌、芽胞和病毒都有很强的杀灭作用，也可杀死某些寄生虫卵。2%氢氧化钠溶液用于猪舍、饲具、运输车船的消毒。3%～5%的氢氧化钠溶液用于炭疽芽胞污染场地的消毒。对猪舍消毒时，应先将猪赶出猪舍，间隔 12 小时后，用水冲洗饲槽、地面后，方可让猪进舍。氢氧化钠在有机物存在时消毒效果降低，因此在消毒前要对消毒场地、用具、车辆等进行清扫或清洗。

(3)新洁尔灭　用 0.1%溶液消毒手指，浸泡消毒皮肤、外科手术器械和玻璃用具。新洁尔灭使用时，不可与肥皂同用。浸泡器械时，应加入 0.5%亚硝酸钠，以防生锈。

(4)5%碘酊　取碘 50 克，加碘化钾 10 克、蒸馏水 10 毫升，将 75%酒精加至 1 000 毫升，充分溶解制成，用于猪手术部位和注射部位的消毒及猪脐带的消毒。

(5)来苏儿　煤酚溶于肥皂溶液中所制成的 50%煤酚皂溶液，用时加水稀释而成。2%来苏儿用于洗手、皮肤和外伤的消毒。3%～5%来苏儿用于外科手术器械、猪舍、饲槽的消毒，可带猪消毒。

(6)百毒杀　广谱、速效、长效消毒剂，属于双链季胺盐类消毒剂，能杀死细菌、真菌、病毒、芽胞和球虫等，效力可维持 10～14 天，0.015%百毒杀用于日常预防带猪消毒，0.025%百毒杀用于发病季节的带猪消毒。

(7)过氧乙酸　对细菌、真菌、病毒均具有高效、快速的杀灭作用。常用 0.3%～0.5%的溶液作地面、墙壁消毒，也可用于空栏熏蒸消毒。熏蒸消毒时，一般按每立方米1～3克，稀释成3%～5%溶液，加热熏蒸(室内最适相对湿度为60%～80%)，紧闭门窗1～2小时。过氧乙酸对皮肤、黏膜有腐蚀作用，高浓度时加热至60℃能引起爆炸，使用时要当心。过氧乙酸很不稳定，配制好的溶液只能保存几天，为确保效果，要现配现用。

2. 正确使用消毒药物 严格按药物使用说明书的规定与要求配制消毒溶液。药量与水量的比例要准确，不可随意增高或降低药物浓度。不得任意将2种不同的消毒药混合使用，2种消毒药合用时，常因物理、化学的配伍禁忌而失效。季胺盐与含有阴离子表面活性剂的消毒作用抵消，氯制剂与酸性消毒剂一起使用可产生大量有毒气体。稀释后稳定性较差的消毒剂如氯制剂应现配现用。根据不同消毒药物的作用、特性、成分、原理，按一定的时间交替使用，以防病原微生物产生耐药性。气温对大多数消毒剂的消毒效果有着较大影响，低温下消毒剂的效果大多要差一些，如醛制剂冬季一般要加大浓度。有机物对病原体有一定保护作用，可以影响多数消毒剂的使用效果，应先清扫，冲洗干净并待干透后再消毒，但对于烈性传染病应先消毒再冲洗，然后再消毒。接种疫苗前、后3天内禁止带猪消毒，同时也不能投服消毒灭菌药物，以防破坏免疫效果。消毒药应现配现用，并尽可能在短时间内一次用完。若配好的消毒药放置时间过长，会导致药液浓度降低或完全失效。

在猪场大门入口处设消毒池，消毒药物用2%的氢氧化钠溶液(浓度高与低都会影响消毒效果)，主要是针对车辆的轮胎消毒。在大门处最好设喷雾消毒间，对车辆的表面进行彻底的消毒，包括车身、底盘。消毒溶液要定期更换。

猪场员工在进入生产区之前，必须经过在消毒间更换工作衣帽、用紫外灯消毒，紫外灯要定期检查更换，最好是淋浴更衣，换上带帽子的长袖工作服，参观人员的消毒与工作人员相同，并按指定的线路参观。

每栋猪舍出入口设脚踏消毒池、放置洗手盆。定期更换消毒液，人员进出各舍时，双脚踏入消毒盆，还要进行手部消毒，特别是猪场的兽医技术人员。在各猪舍出入通往粪池的必经之路设置手推粪车消毒池，饲养员不准相互串舍。

猪场每周应进行 2～3 次消毒，在疾病流行季节应提高消毒频率，在生产过程中必要时应根据需要组织临时性全猪场消毒。实行全进全出制的猪场，在引进下一批次猪只前，空猪舍要彻底进行消毒。机械性消除是有效消毒的前提。为使消毒药物有效发挥作用，首先要消除杂物、粪尿等污染物，并整理舍内各种用具，如小推车、笤帚、铁锹等，清除干净栏舍内的所有垃圾和墙面、顶棚、通风口、门口、水管等处的尘埃及饲槽内的残料。在打扫清除之前，最好先用消毒药物喷雾和喷洒，以免病原微生物扩散至相邻圈舍及环境中，造成扩散污染。其次进行彻底清洗，首先对空舍内的所有表面进行低压喷洒并确保其充分湿润，必要时进行多次连续喷洒以增加浸泡强度，喷洒范围包括墙面、饲槽、地面或床面、猪栏、通风口及各种用具等，尤其是饲槽，有效浸泡时间不低于 30 分钟，使用高压冲洗机彻底冲洗墙面、饲槽、地面或床面、饮水器、猪栏、通风口、各种用具及粪沟等，特别是不容易冲洗的地方如饲槽和接缝处，直至干净清洁为止，然后使用冲洗机低压自上而下喷洒墙面、饲槽、猪栏、饮水器、通风口、各种用具及床面或地面等，以清除在高压冲洗过程中可能飞溅到上述地方的污物，随后保持尽可能长的晾干时间，但不应超过 1 个小时。清洗晾干后进行消毒液消毒。栏舍、设备和用具的消毒使用选定的广谱消毒药自上而下喷雾或喷洒，保证舍内的所有表面（墙壁、地面等）及设备（饲槽、饮水器等）、用具均得到有效消毒。在均匀喷雾或喷洒的基础上，对病弱猪隔离栏、接缝处等有所侧重。消毒后猪舍保持通风干燥，空置 3～5 天。

3. 加强对猪只本身的消毒 猪体可用0.1%新洁尔灭、2%～3%来苏尔、0.5%过氧乙酸或百毒杀溶液等进行消毒。母猪进产房前全身洗刷干净，用0.1%新洁尔灭溶液消毒全身后进入产房。母猪分娩前用0.1%高锰酸钾溶液消毒乳房和阴部，分娩完毕，再用消毒液抹拭乳房、阴部和后躯。母猪从配种舍转移到妊娠舍之前要进行对猪体清洗消毒，规模较大的猪场可设置消毒间，冬天应使用温水。

（三）驱　虫

猪寄生虫病是降低养猪生产饲料报酬和经济效益的一个重要因素，往往因为具有一定的隐蔽性而被忽视。寄生虫包括体内寄生虫和体外寄生虫两大类。体内寄生虫对猪生产危害较大，主要包括蛔虫、鞭虫、结节线虫、肾线虫、肺丝虫等。寄生虫病的危害包括成虫与猪争夺营养成分，移行幼虫破坏猪的肠壁、肝脏和肺脏的组织结构和生理功能。造成猪日增重减少，抗病力下降，妊娠母猪胎儿发育不良，甚至造成隐性流产、新生仔猪体重小和窝产仔数少等后果。体外寄生虫主要有螨、虱等，其中以螨虫对猪的危害最大，干扰猪的正常活动与休息、降低饲料报酬、影响猪的生长速度，还可以传播乙型脑炎、细小病毒病、附红细胞体病等疾病。

1. 科学选用驱虫药物 对猪场危害较大的寄生虫种类包括蛔虫、鞭虫、疥螨等。目前，驱虫药的种类主要有敌百虫、左旋咪唑、阿苯达唑、吡喹酮、伊维菌素、阿维菌素等。有的驱虫药只能驱除成虫而不能驱除幼虫，选用这些驱虫药用药后不久，成虫可能被杀灭了，但原来的幼虫又会发育为成虫。最好选用既驱成虫又驱幼虫的药物，猪场应选用新型、广谱、高效、安全且可以同时驱除猪体内外寄生虫的驱虫药物。阿维菌素最近几年比较常用，阿维菌素是从链霉菌中分离而获得的活性物质，在阿维菌素的基础上又合成伊维菌素，是抗生素类杀虫药。伊维菌素比阿维菌素毒性小，稳定性也比阿维菌素大。通过阻断神经兴奋的传导，使虫体神经兴奋性降低而导致麻痹死亡。它们对体内线虫（蛔虫、钩虫、肺丝虫等）以及体表蜘蛛昆虫（螨、蜱、虱、蚤、蚊等）有较强的驱杀作用，除了吸虫与绦虫都可有效，使用粉剂很方便。丙硫咪唑等对线虫、吸虫、绦虫有较强的驱杀作用，所以猪场应选用复方的驱虫药进行驱虫，如伊维菌素和阿苯达唑。应尽量避免使用左旋咪唑、敌百虫等容易引起猪群中毒的驱虫药物；另外，应注意药量不能过量或者不足，以免影响效果。

2. 制定科学的驱虫方案 每个猪场应该针对本场的实际情况指定详细科学的驱虫方案并严格执行。“四加一”驱虫模式被认为是较好的驱虫模式：种公猪、种母猪每季度驱虫 1 次（即 1 年 4 次），每次用药拌料连喂 7 天；后备公、母猪转入种猪舍前驱虫 1 次，拌料用药连喂 7 天；引进猪并群前驱虫 1 次，每次拌料用药连喂 7 天（新进的猪可驱虫 2 次，每次间隔 2 周，并隔离饲养至少 30 天才可并群）；初生仔猪在保育阶段（断奶后 3 周左右）驱虫 1 次，拌料用药连喂 7 天；生长肥育猪可在 4 月龄前后驱虫 1 次。另外，后备母猪于配种前 2 周驱虫，母猪在分娩前 2 周驱虫，均可减少仔猪感染的机会。

驱虫后应将驱虫后的粪便清扫干净堆积起来进行发酵，或焚烧、深埋；以防排出的虫体和虫卵被猪接触或吞入而重新感染。此外，要加强平时的猪群及猪舍内外的清洁卫生和消毒工作，定期灭鼠、灭蝇，消灭中间宿主，尽量减少猪场寄生虫病发生的机会。

（四）免疫接种

1. 科学制定免疫程序 免疫程序最重要的是确定免疫的种类，不同猪场疾病的状况不尽相同，各场免疫疾病种类也不同，不能照搬，要从实际出发。科学的做法是，定期监测猪群血清中猪瘟、猪伪狂犬病、猪繁殖与呼吸综合征、猪细小病毒病等危害大的病毒性疾病的抗体水平，以确定猪群群体免疫力和野毒感染情况，为制定免疫程序提供依据。一般来说，需要普遍免疫的疾病包括猪瘟、口蹄疫、蓝耳病、乙型脑炎、细小病毒病等，其他疾病如伪狂犬病、仔猪副伤寒、猪支原体肺炎、仔猪大肠杆菌病、链球菌病、传染性胸膜肺炎、流行性腹泻、萎缩性鼻炎等，要根据其对猪场的影响程度、国家政策来决定是否免疫。可免可不免的疫苗选择不免，如大肠杆菌、链球菌等细菌性疾病疫苗根据具体情况可不免，如猪场初生仔猪腹泻严重，母猪分娩前 3 周左右可进行大肠杆菌四联苗免疫接种。该免的病毒病疫苗要严格免疫。

制定免疫程序的另一项工作是确定免疫时间。要根据本场的饲养管理和疾病发生规律，结合抗体水平监测、疫苗本身的免疫要求等因素来确定。

2. 注重免疫接种效果 为防止其他药物对疫苗接种的干扰和疫苗之间的相互干扰，在注射病毒性活疫苗的前、后 3 天严禁使用抗病毒药物 2 种病毒性活疫苗的使用要间隔 7～10 天。病毒性活疫苗和灭活疫苗可以同时分开使用。注射活菌疫苗前、后 5 天严禁使用抗生素 2 种细菌性活疫苗可同时使用。抗生素对细菌性灭活疫苗没有影响。

根据养猪场的实际情况，选择可靠和适合自己猪场的疫苗及相应的血清型，根据实际防疫效果修正。注意疫苗质量问题，超温保存失效疫苗和过期疫苗、失真空疫苗不能使用，疫苗自稀释后在规定的时间内用完，保存的温度要满足不同疫苗的要求，弱毒苗在稀释后必须确保在 1 小时内用完，避免高温，最好使用疫苗专用箱。

注射时注意用具的消毒，防止交叉感染，接种器材如注射器、针头、镊子等必须做好消毒、清洗工作，消毒过后用蒸馏水彻底清洗以清除残留消毒液，避免对疫苗的不利影响。根据猪群选择针头型号，成年猪群采用 16 号长针头，生长肥育猪选择 12 号长针头，仔猪选择9号针头等。应避免1个针头多次使用，每头猪注射疫苗时要到位，不能少注漏注。稀释疫苗时一定要按照生产厂家疫苗使用说明要求选用稀释液。不能随便加大疫苗的用量，确需加大时要在兽医指导下进行。

（五）控制与扑灭疫情

由于传染病传播迅速，危害极大，在猪的饲养管理过程中要贯彻预防为主的方针，保证养猪业健康发展，对猪危害较大的传染病，如猪瘟、口蹄疫和链球菌病等，一旦怀疑有疫情发生时，要迅速及时报告上级主管部门，以便组织相关专家进行科学准确的疫情诊断。根据不同疫情采取相应措施。猪场要封锁，划定疫点、疫区范围，对疫点、疫区采取紧急隔离和消毒措施，限制疫点、疫区内的人员、猪只的流动。对病猪或疑似病猪进行扑杀，并做无害化处理，对疫区内污染的场所进行消毒，对污染物进行无害化处理。对疫区、受威胁区的易感动物实施紧急免疫接种。对疫区内的易感动物及其产品加强检疫、监测。直到该疫情被完全扑灭为止。

四、科学使用药物

（一）防止滥用抗生素

抗生素品种很多，抗菌谱越来越广，许多细菌性疾病可用抗生素得到控制，但绝不可滥用抗生素。

滥用抗生素导致肠道菌群紊乱。正常肠道内存在大肠杆菌群，抗生素在杀死致病菌的同时也大量杀死了正常的大肠杆菌，破坏了正常的微生态平衡，导致部分难辨梭状杆菌等病菌繁殖、产生毒素。如果仍在继续使用某种（或多种）抗生素就非常危险，临床上常见的肠道菌群紊乱的结果是引起严重的腹泻。使用抗生素时更应该严格选择。当发生菌群紊乱后，应停用原用的抗生素，改用针对难辨梭状杆菌的万古霉素，并使用乳酸菌素片等，以培植正常肠道细菌。

使用抗生素时应进行严格选择，要有针对性，能用窄谱抗生素者就不用广谱抗生素，最好在用药之前进行药敏试验。

在临床上有些感染性疾病并非细菌引起的，而是病毒感染，在后期机体抵抗力下降时才继发细菌感染。因此，在病初使用抗生素有害而无益。

许多抑制蛋白质合成的抗生素降低机体的免疫能力。临床上使用抗生素时，必须注意增强机体的免疫功能；同时，还要注意由于免疫功能降低可能增加耐药菌株的感染。

由于长期大量使用抗生素添加剂，使动物体内的细菌产生耐药性，不仅给畜禽治疗带来困难，而且危害人体健康。

(二)合理用药

在加强饲养管理、改善环境、注意消毒的基础上，科学合理用药可以促进猪只健康，预防疾病。

脉冲式给药是一种特殊形式的预防用药，可以提高猪群健康水平。即周期性的短期间歇给药，可以改善猪的健康，促进生长。

猪繁殖与呼吸综合征是由许多病原体与营养、环境等因素引起。以咳嗽、呼吸困难等上呼吸道感染为主要临床症状的多种疾病的综合症，多发于18～20周龄(又称18周龄墙)，在肥育中后期表现生长缓慢或停滞。仔猪每千克饲料50毫克支原净加150毫克金霉素或50毫克强力霉素，隔1周喂1周(脉冲式用药)；生长肥育猪100毫克支原净加300毫克金霉素或100毫克强力霉素，于13～15周龄和17～18周龄各喂1周。后备母猪每月用1周(同肥育猪用量)；生产母猪产前、产后各用1周。

(三)关注药物残留

抗生素类药物在肉制品中的残留对人类健康的影响越来越受到重视。瑞典于1986年全面禁用抗生素,我国也相继出台了《允许作饲料药物添加剂的兽药品种及使用规定》、《饲料及饲料添加剂管理条例》等,但由于相关配套的法规尚未完善,在饲料中过量使用和滥用抗生素的现象较为普遍。据报道,猪屠体中磺胺类药物残留检出率达50%以上,严重影响了我国生猪和鲜冻猪肉的出口。激素类药物(如β-兴奋剂、镇静剂)等在我国养猪生产中使用的现象仍较普遍,也严重威胁着人们的健康。

饲料中不用国家禁止的药物,合理选用药物,避免高剂量长时间使用,国家允许的药物要有足够的停药期,从根本上解决抗生素引起的耐药性和在猪肉产品中的残留问题,提高猪肉产品的品质与安全性。

第三章 猪的动物福利与猪场环境控制

猪场环境控制对规模化养猪生产来说尤为重要，起重要性甚至不亚于品种、营养。提供良好的环境条件，减少应激、关心猪的福利，是实现猪群高产的重要保证，只有合适的温度、湿度，科学的通风，降低有害气体的含量才能挖掘猪的遗传潜力，促进猪的生长。此外，良好的环境也是实现猪群健康的基本要求。猪舍是猪场环境控制的主体，本章对猪场选择场址的原则、猪场的分区与建筑物布局、猪舍类型与基本结构、猪舍环境控制作了介绍。猪场废弃物的处理与利用也是猪场环境控制和实现可持续发展的重要内容，放在第十章单独介绍。

一、猪只应激的发生、危害与预防

(一)什么是应激

应激是指作用机体的一切异乎寻常的环境刺激所引起的生理上或心理上的紧张状态。它伴有一系列的神经和内分泌的变化，特别是交感神经兴奋、肾上腺髓质和皮质激素分泌增加。猪应激综合征是现代养猪生产条件下，猪受到多种不良因素的刺激而引起的非特异性应激反应。

环境中凡是能引起机体呈现紧张状态的环境刺激称为应激因子。应激因子非常多，常见的应激因子包括：环境骤变，温度过高与过低，湿度高，空气污染，饲养密度太大，长途运输，饲养环境突然变化，突然更换饲料，混群，转群，猪只咬斗，饲养员对猪粗暴，受到惊吓，噪声，免疫接种，断奶等。

(二)应激对养猪生产的主要危害

1. 影响免疫功能　应激影响免疫功能，主要是由于应激过程中肾上腺皮质激素分泌增加的结果。肾上腺皮质激素对机体的体液免疫和细胞免疫均具有抑制作用。这主要是由于肾上腺皮质激素中的糖皮质激素抑制了机体的免疫器官和淋巴组织的蛋白质合成，使淋巴器官如胸腺、脾和腔上囊萎缩，以及白细胞总数、淋巴细胞量减少，从而影响机体的免疫功能。寒冷潮湿应激使仔猪容易腹泻，气候突变猪的气喘病易复发或加重。猪的胃溃疡、大肠杆菌病、产后无乳综合征等都与应激有一定的关系。

2. 降低生产性能

应激时，由于内分泌系统的改变，采食量与饲料转化率下降，生长速度受影响，高温应激可使母猪生弱仔、死胎、木乃伊甚至流产（尤其在妊娠前期和后期），公猪出现性欲差、精液品质差的情况。

3. 影响猪肉品质　屠宰前的应激会影响肉品质量，主要导致PSE 肉（灰白肉），特征是宰后肌肉苍白、渗水，柔软，肌肉酸化快，pH 值低。PSE 肉肌肉保水性和口味差。此外，屠宰前的应激还会引起背肌坏死和腿肌坏死。

应激还会导致出现 DFD 肉（肉色泽深暗、质地粗硬、切面干燥），主要是由于在屠宰之前受的应激原作用的强度小、时间长，肌糖消耗较多，糖原贮备水平低，屠宰后体内乳酸生成少，并被呼吸性碱中毒所产生的碱中和，出现 DFD 肉，降低了食用价值与商业价值。

(三)应激的减轻与预防

1. 饲养抗应激猪种　地方猪种抗应激能力强于引入品种，引入品种中大约克夏猪的抗应激能力强于长白猪和皮特兰猪。有应激敏感基因的猪在留种时可予淘汰。

2. 尽量减少和避免各种应激因子 改善饲养环境，避免外界因素过多的干扰。猪舍的温度不应骤变，以防猪舍受到过冷、过热的刺激产生应激反应。饲养密度要合理，避免过大。混群要多加注意，避免咬架。尽量减少抓捕、保定、驱赶等操作。猪只运输时，要注意防寒防暑、防压，避免过度拥挤。对于饲养管理中正常出现的应激原（如转群，仔猪断奶，防疫注射，饲料转换等），尽量减轻其影响，如在应激前或应激中可以在饲料中添加超量的维生素 C。管理人员对猪的态度要友好，一些操作要根据气候、猪的健康状况等适时进行。

二、关注猪的动物福利

（一）什么是动物福利

动物福利，即人类应该关爱动物，合理、人道地利用动物，要尽量保证那些为人类做出贡献的动物享有最基本的权利。如在饲养时给它一定的生存空间，在宰杀时要尽量减轻动物的痛苦等。动物福利的基本原则是让动物在康乐的状态下生存和生产。动物福利的主要内容包括：为动物提供适当的清洁饮水和保持健康和精力所需要的食物，使动物不受饥渴之苦；为动物提供适当的房舍或栖息场所，能够舒适地休息和睡眠，使动物不受困顿不适之苦；为动物做好防疫，预防疾病和给患病动物及时诊治，使动物不受疼痛、伤病之苦；保证动物拥有良好的条件和处置（包括宰杀过程），使动物不受恐惧和精神上的痛苦；为动物提供足够的空间、适当的设施以及与同类动物伙伴在一起，使动物能够自由表达正常的习性。动物福利贯穿整个饲养管理过程。

(二)重视动物福利是降低集约化养猪风险的重要途径

在一定程度上，福利养猪能改善猪的健康状况和生产水平，是养猪业发展到一定阶段的产物，是针对现代集约化养猪中存在的许多问题提出的，包括疾病增多，经常出现异常行为(如猪咬尾)等。重视猪的动物福利不仅仅是为了让猪生活更加舒适，更重要的是，动物福利与猪的健康和性能表现有密不可分的关系，在关注猪的福利的同时，实际上也减少和减轻了猪的应激。在为猪提供良好的环境与生长管理条件的同时，也能提高猪的生产性能和企业利润；并且，有助于生产出优质猪肉产品。因此，关注猪的福利，已成为降低猪集约化养殖风险的重要途径。

三、猪场环境控制

(一)养猪生产工艺

1. 现代养猪生产工艺的主要特点与模式

(1)现代养猪生产工艺的主要特点　包括品种优良、营养水平科学合理、按照繁殖过程安排工艺、实行全进全出制、加强环境控制、疾病防疫十分严格。

(2)养猪生产模式　包括集约化饲养、半集约化饲养和散养。集约化饲养是典型的工厂化养猪生产采用的模式。泌乳母猪和妊娠母猪采用限位栏饲养，仔猪采用网上饲养的形式。占地面积少，饲养密度大，劳动生产率高。

2. 集约化养猪生产工艺流程　采用先进的全进全出制和分阶段饲养形式。全进全出是指在同一时间内将同一生长发育或繁殖阶段的猪群全部从一种猪舍转至另一种猪舍，空舍彻底清洗消毒后再转入新猪群。猪从配种、妊娠、保育到生长肥育形成流水线。各阶段都有计划、有节奏地进行。

目前,我国集约化养猪生产多采用空怀配种期→妊娠期→哺乳期→仔猪保育期→生长肥育期的生产工艺流程。仔猪断奶后,转至保育猪舍,饲养一段时间后,再转至生长肥育猪舍,饲养至出栏。。有的猪场将这种流程的生长肥育期又划分为育成与肥育 2 个阶段。

3. 关于多点生产技术的应用 养猪生产中,在 2 个或 3 个不同地点饲养不同类型的猪群,两点是母猪繁殖(包括仔猪保育)和肥猪,三点是指母猪繁殖、仔猪保育和肥猪。点与点之间保持一定的距离,最好在 3 千米以上,从而切断疾病在不同猪群间的传播途径。区与区之间相互独立,人员、设备和用具分开,减少各区之间疾病的传播,最大限度地避免或减少交叉感染的机会。另外,办公区最好与生产区(繁殖、保育、肥育区)保持足够远的距离,以利于防疫安全。

4. 超早期断奶技术的应用 以往早期断奶多为 28～35 天。超早期断奶技术则将时间提前至仔猪生后的 21 天之前。早期断奶技术是以提高母猪的繁殖性能为目的,超早期断奶技术应用可以控制某些疫病,以早期隔离断奶(SEW)技术最为盛行,可以使仔猪在一定程度上防止由母体的垂直感染。仔猪在 2～3 周龄前可通过初乳中的母源抗体获得的被动免疫,在 5 周龄前后才能自身产生有力的主动免疫。2～5 周龄是仔猪免疫力的低谷,此期如果与母猪相处极易遭受感染。SEW 的关键技术在免疫薄弱期到来之前断奶,多数在 14～21 日龄仔猪断奶,并远离母猪饲养以切断病原从母猪到仔猪的垂直感染。超早期断奶的仔猪由一地点转移到另一地点饲养,并采用全进全出的猪群周转制度。在以后的保育期及生长肥育过程中,不同日龄猪群也彼此隔离,减少不同年龄猪群间的疾病传播的机会。

(二)场址选择

在建设猪场之前就应考虑周边环境，要求没有化工厂等污染源，没有其他大型养殖场。场址选择应根据所建猪场规模、性质，综合考虑。除场地地形、地势、水源、土质等自然因素外，社会因素包括能源供应、交通运输、产品销售、与周围工厂、居民区以及其他畜牧场的距离也需全面考虑。建造猪场之前还要对猪场粪污处理进行科学合理规划，避免走先污染后治理的路线。规划猪场的规模要适度，最好与周边的农田等配套，避免污染的同时，也降低了污物的处理投入。

1. 地形、地势与面积 一般要求地形整齐开阔，便于猪场规划与建筑物布局，减少围墙建造的长度，有利于提高生产效率。地势要求较高、干燥、平坦或有缓坡，背风向阳。地势高燥可以减少有害微生物的繁殖，减少舍内湿度。地下水位较高的地方建设猪场，要对猪舍基础采取防潮措施，提高室内地平。饲料间的地平需要更高。

猪场占地面积依据猪场生产的任务、性质、规模和场地的总体情况而定。猪场的场区占地总面积按每出栏 1 头商品肥育猪 4 平方米计算。另外，要为将来的发展留有余地。

2. 水源 猪场对水源的要求是水量允足，水质良好，便于取用和进行卫生防护。水量必须能满足场内生活用水、猪只饮用及饲养管理用水(如清洗调制饲料、冲洗猪舍、清洗机具、用具等)的要求，出栏 1 万头商品猪的猪场每天需水量 80～100 吨，具体需水量与季节、存栏猪数、清粪方式等因素有关。猪采食 1 千克干饲料，需水 4 升左右。在冬季，给水量一般是干饲料的 2.5 倍，春、秋季 4 倍，夏季 5～6 倍，泌乳母猪给水量还要增加。猪需水参考量见表 3-1。

表 3-1 猪需水参考量

类 别	饮用量(升/头·天)	总需要量(升/头·天)
种公猪	10	40
妊娠母猪	12	40
带仔母猪	20	75
断奶仔猪	2	5
生长猪	6	15
肥育猪	6	25

在选址时应对所用水的水质进行检验,符合饮用水水质标准(表 3-2)要求才能建场,若不合格需要采取相应的处理措施或改变场址。

表 3-2 畜禽饮用水水质标准

项 目			标准值	
			畜	禽
感官性状及一般化学指标	色(°)	≤	色度不超过 30°	
	浑浊度(°)	≤	不超过 20°	
	臭和味	≤	不得有异臭、异味	
	肉眼可见物	≤	不得含有	
	总硬度(以 $CaCO_3$ 计)(毫克/升)	≤	1500	
	pH 值	≤	5.5～9	6.8～8.0
	溶解性总固体(毫克/升)	≤	4000	2000
	氯化物(以 Cl^- 计)(毫克/升)	≤	1000	250
	硫酸盐(以 SO_4^{2-} 汁)(毫克/升)	≤	500	250
细菌学指标≤	总大肠菌群(个/100 毫升)	≤	成年畜 10,幼畜和禽 1	

续表 3-2

项　目			标准值	
			畜	禽
毒理学指标	氟化物(以 F^- 计)(毫克/升)	≤	2.0	2.0
	氰化物(毫克/升)	≤	0.2	0.05
	总砷(毫克/升)	≤	0.2	0.2
	总汞(毫克/升)	≤	0.01	0.001
	铅(毫克/升)	≤	0.1	0.1
	铬(六价)(毫克/升)	≤	0.1	0.05
	镉(毫克/升)	≤	0.05	0.01
	硝酸盐(以 N 计)(毫克/升)	≤	30	30

摘自《无公害食品　畜禽饮用水水质》标准(NY 5027—2001)

3. 社会联系　猪场应选在交通相对便利的地方。出于猪场的防疫以及避免对周围环境造成污染的需要，不能靠近主要交通干道，离主要干道在 500 米以上，要距离居民点 1 000 米以上，且居民点最好在上风向。距离畜产品加工厂不得小于 1 000 米。猪场四周最好有河流、林带等天然或人工屏障。

水土保护区、旅游区、自然保护区、环境污染严重及畜禽疫病高发区不适宜建造猪场。

(三)猪场的分区与建筑物布局

猪场一般分成生产区、生活管理区和污染区几个部分。各区间间隔在 30 米以上为宜，区与区之间应该设立围墙或隔离带、防疫沟。

1. 生产区　生产区是猪场的核心。生产区包括各类猪舍，这是猪场中的主要建筑区。种猪舍要求与其他猪舍隔开，形成种猪区。种猪区应设在人流较少和猪场的上风向，种公猪在种猪区的上风向，防止母猪的气味对公猪形成不良刺激，同时可利用公猪的气味刺激母猪发情。分娩舍既要靠近妊娠舍，又要接近保育猪舍。肥育猪舍应设在下风向，且离出猪台较近。在设计时，使猪舍方向与当地夏季主导风向呈 30°～60°角，使每排猪舍在夏季得到最佳的通风条件。总之，应根据当地的自然条件，充分利用有利因素，从而在布局上做到对生产最为有利。在生产区的入口处，应设专门的消毒间或消毒池，以便进入生产区的人员和车辆进行严格的消毒。

兽医室设在生产区内，只对区内开门，为便于病猪处理，通常设在下风方向。

2. 生活管理区 生活区包括办公室、接待室、财务室、食堂、宿舍等，这是管理人员和家属日常生活的地方，应单独设立。一般设在生产区的上风向，或与风向平行的一侧。

管理区包括猪场生产管理必需的附属建筑物，如饲料加工车间、饲料仓库、修理车间；变电所、锅炉房、水泵房等。它们和日常的饲养工作有密切的关系，所以这个区应该与生产区相邻建立。

3. 污染区 包括病猪隔离间、粪便堆存处、粪污处理设施等，病猪隔离间及粪便堆存、处理设施应远离生产区，设在下风向、地势较低的地方，以免影响生产猪群。

4. 其他 包括道路、绿化、水塔等。道路对生产活动正常进行，对卫生防疫及提高工作效率起着重要的作用。场内道路应净、污分道，互不交叉，出入口分开。净道的功能是人行和饲料、产品的运输，污道为运输粪便、病猪和废弃设备的专用道。水塔位置要与水源条件相适应，在猪场最高处。绿化不仅美化环境，净化空气，也可以防暑、防寒，改善猪场的小气候，同时还可以减弱噪声，促进安全生产，从而提高经济效益。因此，在进行猪场总体布局时，一定要考虑和安排好绿化。

此外，猪场周围应建围墙或设防疫沟，以防兽害和避免闲杂人员进入场区。

(四)猪舍类型与基本结构

1. 猪舍的形式

(1)按屋顶形式分　猪舍有单坡式、双坡式等。单坡式一般跨度小,结构简单,造价低,光照和通风好,适合小规模猪场。双坡式一般跨度大,双列猪舍和多列猪舍常用该形式,其保温效果好,但投资较多。

(2)按墙的结构和有无窗户分　猪舍有开放式、半开放式和封闭式。开放式是三面有墙一面无墙,通风透光好,不保温,造价低。半开放式是三面有墙一面半截墙,保温稍优于开放式。封闭式是四面有墙,又可分有窗和无窗 2 种。具体采用何种结构要结合当地的气候特点,南方以防暑降温为主,采用开放式、半开放式,北方寒冷地区则适宜采用封闭式猪舍。无论那种结构,屋顶的保温隔热性能要好。

(3)按猪栏排列分　猪舍有单列式、双列式和多列式。

2. 猪舍的基本结构　猪舍主要由墙壁、屋顶、地面、门、窗、粪尿沟、隔栏等部分构成。

(1)墙壁　要求坚固、耐用,保温性好。比较理想的墙壁为砖砌墙,要求水泥勾缝。寒冷地区注意墙壁保温。

(2)屋顶　比较理想的屋顶是支撑系统采用钢架结构,屋顶采用钢板(夹有保温材料)。产房和保育舍最好吊顶,利于保温和通风。

(3)地面　要求坚固、耐用,渗水良好。比较理想的地板是水泥勾缝平砖式(属新技术)。其次为夯实的三合土地板,三合土要混合均匀,湿度适中,切实夯实。

(4)粪尿沟　开放式猪舍要求设在前墙外面,全封闭、半封闭(冬天扣塑棚)猪舍可设在舍内。舍内粪尿沟的宽度一般为 25～

30 厘米。

(5)门窗　开放式猪舍运动场前墙应设有门,高 0.8～1 米,宽 0.6 米,要求特别结实,尤其是种猪舍;半封闭猪舍则与运动场的隔墙上开门,高 0.8,宽 0.6 米;全封闭猪舍仅在饲喂通道侧设门,门高 1.8 米,宽 1 米。窗户大小根据墙高、气候特点确定,北窗较南窗小为宜。南方地区要加大窗的面积,有利于自然通风。

(6)隔栏　除通栏猪舍外,在一般密闭猪舍内均需建隔栏。隔栏材料基本上是 2 种,即砖砌墙水泥抹面及钢栅栏。

3. 猪舍的类型　猪舍的设计与建筑,首先要符合养猪生产工艺流程,其次要考虑各自的实际情况。南方地区以防潮隔热和防暑降温为主,北方以防寒保温和防潮防湿为主。

(1)公猪舍　一般为单列半开放式,舍内温度要求 15℃～20℃,风速为 0.2 米/秒,内设走廊,外有小运动场,以增加种公猪的运动量,1 圈 1 头。现在许多猪场公猪无专门运动场,采用双列式,面积 7～9 $米^2$/头,要求宽至少 2.4 米,太窄的后果是公猪在运动时,会擦伤睾丸。

(2)空怀、妊娠母猪舍　空怀、妊娠母猪最常用的一种饲养方式是分组大栏群饲,一般每栏饲养空怀母猪 4～5 头(每头 2.5～3 平方米)、妊娠母猪 2～4 头(每头 3.5～4 平方米)。猪圈布置多为单走道双列式。猪圈面积一般为 7～9 平方米,地面坡降不要大于 1/45,地表不要太光滑,以防母猪跌倒。也可用单圈饲养,1 圈 1 头。舍温要求 15℃～20℃,风速为 0.2 米/秒。圈养好处是运动量较大,缺点是猪只之间影响较大,不便于个体饲养和发情检查。规模猪场以采用限位栏为好。

(3)分娩哺育舍　舍内设有分娩栏,布置多为两列或三列式。舍内温度要求 15℃～20℃,风速为 0.2 米/秒。

①地面分娩栏　采用单体栏,中间部分是母猪限位架,两侧是仔猪采食、饮水、取暖等活动的地方。母猪限位架的前方是前门,

前门上设有饲槽和饮水器，供母猪采食、饮水，限位架后部有后门，供母猪进入及清粪操作。可在栏位后部设漏缝地板，以排除栏内的粪便和污物。

②网上分娩栏　主要由分娩栏、仔猪围栏、钢筋编织的漏缝地板网、保温箱、支腿等组成。

(4)仔猪保育舍　舍内温度要求26℃～30℃，风速为0.2米/秒。可采用网上保育栏，1～2窝在1个栏网上饲养，用自动落料饲槽，自由采食。网上培育，减少了仔猪疾病的发生，提高了仔猪成活率。仔猪保育栏主要由钢筋编织的漏缝地板网、围栏、自动落饲槽、连接卡等组成。

(5)生长、肥育舍和后备母猪　这3种猪舍均采用大栏地面群养方式，自由采食，其结构形式基本相同，只是在外形尺寸上因饲养头数和猪体大小的不同而有所变化。

(五)猪场设备

1. 猪　栏

(1)公猪栏、空怀母猪栏、配种栏　这几种猪栏一般都位于同一栋舍内，因此，面积一般都相等，栏高一般为1.2～1.4米，面积7～9平方米。

(2)妊娠(或配种)限位栏　单体栏由金属材料焊接而成，一般栏长2.2米，栏宽0.6～0.65米，栏高1米。猪栏地面可以是实体水泥地面，也可以采用缝隙地面，通常在后1/3处，即60厘米区域设立缝隙地面，不容易积水，有利于猪体保持清洁，便于发情观察，也可减少病原微生物感染的机会。

(3)分娩栏　分娩栏的尺寸与选用的母猪品种有关，长度一般为2.2米，宽度为1.7～2米，母猪限位栏的宽度一般为0.6～0.65米，高1米。仔猪活动围栏每侧的宽度一般为0.6～0.7米，高0.5米左右。

(4)仔猪保育栏　一般采用金属编织网漏粪地板或金属编织镀塑漏粪地板,后者的饲养效果一般好于前者。大、中型猪场多采用高床网上培育栏,它是由金属编织网漏粪地板、围栏和自动饲槽组成,漏粪地板通过支架设在粪沟上或实体水泥地面上,相邻 2 栏共用 1 个自动饲槽,每栏设 1 个自动饮水器。这种保育栏能保持床面干燥清洁,减少仔猪的发病率,是一种较理想的保育猪栏。仔猪保育栏的栏高一般为 0.6 米,栏栅间距 5～8 厘米,面积因饲养头数不同而不同,一般每头仔猪 0.4 平方米。

小型猪场断奶仔猪也可采用地面饲养的方式,但寒冷季节应在仔猪卧息处铺干净垫草或木板,要注意猪舍保温。

(5)育成、肥育栏　育成肥育栏有多种形式,其地板多为混凝土结实地面或水泥漏缝地板条,也有采用 1/3 漏缝地板条,2/3 混凝土结实地面。混凝土结实地面有 2%～3%的坡度。育成、肥育栏的栏高一般为 1～1.2 米,采用栏栅式结构时,栏栅间距8～10厘米。

2. 饮水设备　猪用自动饮水器的种类很多,有鸭嘴式、杯式、乳头式等。目前普遍采用的是鸭嘴式自动饮水器。鸭嘴式猪用自动饮水器主要由阀体、阀芯、密封圈、回位弹簧、活塞和滤网组成。

3. 饲喂设备

(1)间歇添料饲槽　多为水泥制作。在隔墙或隔栏的下面,添料后滑向内侧,便于猪采食。饲槽一般为长形,每头猪所占饲槽的长度应根据猪的种类、年龄而定,一般每头肥育猪所需宽度在30～35 厘米。集约化猪场,限位饲养的妊娠母猪或泌乳母猪,其固定饲槽为金属制品,固定在限位栏上。

(2)方形自动落料饲槽　一般条件的猪场不用这种饲槽,它常见于集约化、工厂化的猪场。方形落料饲槽有单开式和双开式 2 种。单开式的一面固定在与走廊的隔栏或隔墙上;双开式则安放在两栏的隔栏或隔墙上,自动落料饲槽一般为镀锌铁皮制成,并以钢筋加固,否则极易损坏。

(3)圆形自动落料饲槽　用不锈钢制成,较为坚固耐用,底盘也可用铸铁或水泥浇注,适用于高密度、大群体生长肥育猪舍。

四、猪舍环境控制

(一)温　度

温度在环境各因素中起主导作用,猪对温度的高低非常敏感。肉猪在17℃～25℃时生长最快,料肉比最低,妊娠母猪为22℃～25℃,哺乳母猪为16℃,仔猪则为28℃,1周龄以内的仔猪为32℃～33℃。

初生仔猪由于皮下脂肪少、体温调节能力差,要采取必要的保暖措施,如用红外灯,电热板,暖气,热风炉等技术手段提高环境温度。寒冷不仅增加饲料消耗、减缓生长速度,也是仔猪黄、白痢和传染性胃肠炎等腹泻性疾病的主要诱因。哺乳仔猪可采取悬挂红外灯、铺加热地板等措施增温。保育仔猪舍建议吊顶,注意防止贼风。保育舍采用热风炉效果较好,属丁正压通风,可避免舍内空气潮湿和有害气体浓度过高。

猪既怕冷又怕热,当气温高丁35℃时,个别猪可能发生中暑,妊娠母猪可引起流产,公猪性欲下降,精液品质不良。所以,夏季应通过改变猪舍的屋顶设计(采用隔热材料,如木板,聚苯板等)、安装喷雾系统、加强通风、适当降低饲养密度等措施,降低猪舍温度。妊娠舍、公猪舍与配种舍可采用湿帘加轴流风机的负压通风系统。同时,避免猪舍过长,一般以50～80米为宜,最好不超过120米。

肥猪一般不怕冷,但夏季高温要采取降温措施,如喷淋、加强通风等。

(二)湿　度

猪舍内的湿度过高会影响猪的新陈代谢,是引起肠炎腹泻的主要原因之一,还可诱发肌肉、关节方面的疾病,寄生虫也容易存活。猪的适宜湿度范围为65%～85%,试验表明,温度在14℃～23℃、相对湿度在50%～80%的环境下最适合猪只生长。为防止湿度过高,减少猪舍内水汽的来源,应少用或不用大量水冲洗猪圈,尤其是产房和保育舍。设置通风设备,经常开启门窗,降低舍内湿度。

夏季高温时,湿度大会加重温度的不利影响,应加强通风。

(三)有害气体

猪舍内有害气体主要包括氨气、硫化氢、二氧化碳、粪臭素等,来源于猪只呼吸、粪尿及饲料腐败分解等。冬季用煤炭取暖还有一氧化碳产生。农产品安全质量无公害畜禽肉产地环境要求(GB/T 18407－2001)对猪场空气环境质量做了规定(表3-3)。

表3-3　畜禽场空气环境质量指标

项　目	氨　气(毫克/米³)	硫化氢(毫克/米³)	二氧化碳(毫克/米³)	可吸入颗粒物(毫克/米³)	总悬浮颗粒物(毫克/米³)	恶　臭(稀释倍数)
场　区	5	2	750	1	2	50
猪　舍	25	10	1500	1	3	70

摘自农产品安全质量无公害畜禽肉产地环境要求(GB/T 18407－2001)

氨气常易溶解和吸附在猪只呼吸道黏膜和眼结膜上,刺激黏膜,使黏膜充血、水肿,引起结膜炎、支气管炎、肺炎、肺水肿。氨气亦可通过肺泡进入血液,高浓度氨气可引起中枢神经麻痹、中毒性肝病和心肌损伤。低浓度氨气长期作用于猪,可导致猪的抵抗力降低,发病率和死亡率升高,生产力下降。

硫化氢主要对黏膜产生刺激作用，引起眼结膜炎，表现为流泪、角膜混浊、畏光等症状，硫化氢还引起鼻炎、气管炎、咽喉灼伤甚至肺水肿。动物经常吸入低浓度的硫化氢，可出现自主神经紊乱。硫化氢在肺泡内很快被吸收进入血液内，最终造成组织缺氧。猪长期生活在含低浓度硫化氢的空气中会生长缓慢。

空气污染超标往往发生在门窗紧闭的寒冷季节。这样猪便易感染或激发呼吸道疾病，如气喘病、传染性胸膜肺炎、猪肺疫等，污浊的空气还可引起猪的应激综合征，表现食欲下降、泌乳量减少、狂躁不安或昏昏欲睡、咬尾咬耳等现象。带仔母猪舍中氨气浓度要求不超过 15 毫克/米^3，其余猪舍氨气浓度要求不超过 25 毫克/米^3。硫化氢浓度不超过 10 毫克/米^3。猪舍内二氧化碳含量要求不超过 1 500 毫克/米^3。

规模化猪场的猪舍在任何季节都需通风换气。全封闭式猪舍依靠排风扇换气，换气时可依据下列参数：一般冬季所需的最小换气率为每 100 千克猪体重每分钟 0.14～0.28 立方米，夏季最大换气率为 100 千克体重猪每分钟 0.7～1.4 立方米。尽可能减少猪舍内有害气体，是提高猪只生产性能的一项重要措施。冬季要注意调教猪只形成到运动场或猪舍一隅排粪尿的习惯。当严寒季节保温与通风发生矛盾时，增加粪尿的清除次数，必要时可向猪舍内定时喷雾过氧化氢类的消毒剂，其释放出的氧能氧化空气中的硫化氢和氨气，起到杀菌、降臭、降尘、净化空气的作用。

（四）通　风

通风可以减轻高温对猪的不良影响，提高饲料转化率和增重速度，降低舍内湿度以及有害气体的浓度。猪舍通风有自然通风和机械通风 2 种。饲养密度较小的猪场可采用自然通风，主要通过门、窗的关启调节通风量。机械通风适用于规模较大的集约化养猪场，机械通风又分有正压通风和负压通风 2 种，负压通风是指用排风扇向猪舍外排出舍内空气，在养猪场中最为常用。

(五)光 照

适当的光照可促进猪的新陈代谢，加速其骨骼生长并消毒杀菌。哺乳母猪栏内每天维持 16 小时光照，可诱使母猪早发情。一般母猪、仔猪和后备猪猪舍的光照度应保持在 50～100 勒(克司)，每天光照 14～16 小时，公猪和肥育猪每天保持光照 8～10 小时，但夏季应尽量避免阳光直射到猪舍内，造成舍内温度上升。

第四章 猪主要流行性疾病的防控

猪的疾病种类很多，但对养猪生产危害最大的是包括主要传染病和寄生虫病在内的流行性疾病，尤其是其中的人兽共患病。

一、猪 瘟

【病 原】 猪瘟是一种由猪瘟病毒引起的急性、热性、高度接触性传染病。由于该病传播迅猛，发病率和死亡率高，对养猪业危害严重，为危害猪生产的最主要传染病之一。我国将其规定为一类动物疫病。猪瘟病毒属于瘟疫病毒属，直径 40～50 纳米，有囊膜单股 RNA 病毒。猪瘟野毒株的毒力变化很大，强毒株引起急性猪瘟，中等毒株引起亚急性和慢性猪瘟，不典型猪瘟由弱毒株引起，表现不明显。

传染源主要来自病猪、带毒猪和先天感染仔猪。猪瘟病毒可通过病猪口、鼻、唾液分泌物、尿和粪排出。慢性感染的带毒猪持续向外界排毒。母猪感染猪瘟野毒通常表现为繁殖障碍症状，商品猪出现非典型性猪瘟的比例也在增加。妊娠母猪接触到慢性猪瘟病毒后胎盘垂直感染，导致死胎、弱胎，部份健康出生仔猪可存活数月并扩散病毒。

【临床症状】

1. 急性型猪瘟临床症状表现 呆滞、不愿活动、怕冷，厌食，体温 40℃～42℃，病初便秘，而后腹泻，有的猪只呕吐。少数痉挛，很快死亡。大多消瘦，后肢麻痹，可见腹部、鼻耳、四肢中部出现紫色区，大多数 10～20 天死亡。

2. 亚急性型猪瘟临床表现 慢性猪瘟分为 3 期，即急性期、中期和后期。中期临床症状改善，后期病情加重、厌食沉郁，死前体温增高。一般在30天内死亡。有的可存活100天。

3. 迟发性猪瘟临床表现 先天感猪瘟病毒所致，可长时间无猪瘟病态表现，数月后轻度厌食、沉郁，体温正常，大多数猪可以存活6个月以上。

【防治措施】 坚持自繁自养，防止猪瘟病毒传入，不要从有猪瘟感染的猪场引进种猪和苗猪。猪瘟活疫苗根据生产工艺和所选用原材料不同分为细胞源和兔源猪瘟活疫苗。兔源猪瘟活疫苗又分为猪瘟乳兔苗和猪瘟脾淋苗。常规预防接种选用猪瘟脾淋苗、组织苗、细胞苗都可以。应结合猪场猪瘟免疫状况、带毒情况选用。

无疫情表现的猪场仔猪于20～30日龄用单苗首免，60日龄二免，二免可用二联苗或三联苗。在已发生猪瘟的猪场，要对仔猪进行超前免疫，在仔猪出生后立即注射猪瘟疫苗，剂量为2头份/头，2小时后再吃初乳，有疫情的猪场一定要做超前免疫，在60日龄左右二免，最好根据抗体检测结果科学确定二免的时间。后备猪配种前免疫1次；种公、母猪每间隔6个月免疫1次，春天3～4月份1次，秋天9～10月份1次，种母猪在哺乳中后期至再配空怀期接种。要严格消毒，做到一猪一针，注意避免过敏反应的发生，及时进行抗体水平监测，抗体不合格及时补免，用过的疫苗瓶、器具和未用完的疫苗等应进行消毒处理。

注射猪瘟苗前2天和后3天严禁使用抗病毒及治疗量的抗生素类药物。蓝耳病活疫苗与猪瘟2种病毒感染的受体相似，产生竞争作用，同时免疫会产生干扰现象，蓝耳病活疫苗接种与猪瘟活疫苗接种最好间隔1周，与其他病毒病活疫苗间隔一定天数。只有健康猪群才可进行免疫，病猪不能注射猪瘟疫苗，猪在妊娠期间不应接种猪瘟疫苗。

【疫情控制】 猪瘟以预防为主，病猪不治疗。发现猪瘟后，及时隔离，进一步确诊。根据发生范围和数量和国家规定，划定疫点、疫区、受威胁区，并封锁疫区；对猪瘟病猪及同群猪只，应当立即扑杀并进行无害化处理，对疫区内污染的场所实施消毒，对污染物进行无害化处理。对疫区、受威胁区的易感动物实施紧急免疫接种，建立免疫带。对疫区内的易感动物及其产品加强检疫、监测，直到完全扑灭为止。

二、猪繁殖与呼吸综合征

猪繁殖与呼吸综合征，俗称蓝耳病，是由病毒引起的传播速度快、发病率高的一种高度接触性传染病，已造成世界养猪业严重经济损失，我国1996年报道，目前已在许多省、自治区、直辖市存在，其特征为流产、死胎、弱胎，仔猪(哺乳)、断奶仔猪呼吸困难。

【病　原】　猪繁殖与呼吸综合征病毒属于冠状病毒科、动脉炎病毒属，有囊膜，直径50～60纳米。可在肺巨噬细胞中生长。猪繁殖与呼吸综合征病毒有不同的毒株和不同的抗原性。

【临床症状】　受病毒毒力、猪免疫状态、管理、环境等因素影响，临床症状变化很大。大多数猪场猪繁殖与呼吸综合征病毒表现为亚临床感染或慢性感染。低毒株无症状流行；强毒株感染可出现减食、发热、呼吸困难，母猪早产、死产，木乃伊胎，产弱仔。此病毒可以感染任何年龄的猪，造成免疫抑制，主要引起妊娠母猪的流产、早产和死胎等繁殖障碍疾病，仔猪和肥育猪出现呼吸道症状，使猪场的各种疾病容易反复发生。临床表现发热、厌食、流产、死胎、产弱仔、木乃伊胎、呼吸困难，新生哺乳仔猪大量死亡，表现为发育不良、呼吸困难，其他病混合感染时，死亡率会更高。肥育猪发病比较温和，如果及时采取措施，控制好继发感染，可明显减少死亡。本病的传染源是病猪、康复猪及健康带毒猪，病毒在康复猪体内可存活6个月以上。病毒可从鼻分泌物、粪尿等途径排出体外，经空气、接触、胎盘和交配等多种途径传播，气候恶劣、高温、卫生条件不良、饲养密度过高，都会增加本病发生率。本病发生后，猪机体抵抗力显著下降，往往继发猪瘟、猪链球菌病、猪肺疫、附红细胞体病等疫病。生产中任何阶段都出现呼吸道症状，出现繁殖障碍就要考虑是否由猪繁殖与呼吸综合征病引起的。

【防治措施】 重视引种工作，病毒传播最大的威胁是引入种猪群，病猪能垂直传播、水平传播，感染仔猪成为病毒携带者。许多临床和研究数据表明，母猪群的不稳定主要是引进阴性或急性感染的后备母猪所致。阴性后备母猪引入阳性猪群，在进入繁育猪群前，应合理使用疫苗使得后备母猪成为阳性，否则会引起第一胎母猪繁殖障碍，猪场发生蓝耳病。要从无该病的猪场引种，减少引种的场家，进行血液中抗体的检测、隔离。接种疫苗。

加强饲养管理，实行全进全出生产模式，至少产房和保育舍采用小间饲养，实行全进全出，可有效控制断奶仔猪多种呼吸道病。防止日龄大小不一的猪混养。每批猪转出，猪舍要彻底清扫、冲洗、消毒并空舍1周。高温季节要做好防暑降温工作，降低饲养密度，保证良好的通风，营养科学，注意维生素的供给量。

蓝耳病疫苗接种可在一定程度上保护猪只。蓝耳病疫苗有活疫苗与灭活苗之分，2007年4月3日，农业部下发《农业部关于做好2007年猪病防控工作的通知》(农医发[2007]10号文件)，通知指出，高热病由高致病性蓝耳病变异病毒株引起，农业部推荐使用高致病性蓝耳病灭活疫苗，对灭活苗使用意见尚未统一。

活苗注射的效果与感染野毒无大的差别。对完全蓝耳病阴性的猪或已经是蓝耳病阳性的猪，当注入另外一种毒株的疫苗，它会同野毒一样穿过胎盘侵害胎儿。灭活苗诱导有效免疫力的能力比较差，但比较安全。新建和未发生过该病的猪场应选用灭活苗，安全性高，不建议使用弱毒苗免疫，弱毒疫苗若接种阴性猪群，在没有该病流行的猪群对母猪进行免疫会导致产活仔数减少、死胎增多。对已感染蓝耳病的群体，用灭活苗和弱毒苗同时应用。

三、猪气喘病

猪气喘病（猪支原体肺炎、猪地方性肺炎）是猪的一种直接接触性慢性呼吸道传染病，发病率高死亡率低，本病在世界范围内广泛流行。

【病　原】　病原为猪肺炎支原体。无细胞壁，多形态，黏附于气管及支气管表皮细胞的纤毛上，使纤毛上皮脱落，失去上皮纤毛的功能。

带菌猪为主要传染源，且主要由于引入后备猪、肥育小猪与原猪群混群所致，其次为发病猪散毒。传播途径主要通过病猪呼吸道分泌物直接接触，还可通过空气传播。断奶仔猪易感性较高，母猪、成年猪多为慢性和隐性。气候骤变、潮湿、饲养管理不良、密度过大等因素是发病诱因，多与蓝耳病等其他疾病之间混合感染。

【临床症状】　潜伏期 10～16 天，短的潜伏期 3～5 天，体温无多大变化，病初食欲正常，咳嗽次数逐渐增多，特别在早上及剧烈运动后和喂食时，发生连续咳嗽。随着病程的发展而发生呼吸困难，表现为明显的腹式呼吸，急促而用力，张口喘气，精神委顿、食欲下降，身体日渐消瘦，皮毛粗乱，走路时拱背，步伐缓慢，喜卧怕冷。一般病程较长，大多拖延 2～3 个月，常由于抵抗力降低而并发猪肺疫，这是促使病猪死亡的主要原因。在新发的猪群中常表现急性型，以仔猪、妊娠母猪和哺乳仔猪多发，妊娠后期重病母猪可导致流产或因窒息缺氧造成死胎，有少数病猪病初体温稍有升高，病程较短，为 7 天左右，常因衰竭和窒息而死亡，死亡率高。

【病理变化】　猪气喘病的病理变化常局限于肺。肺的尖叶、心叶、中间叶、膈叶前缘呈“肉样”式虾肉样变。肺心叶、中间叶和尖叶的腹面，膈叶的前部，肉眼病变类似膨胀不全的肺，特别是慢性阶段。切开肺时感觉质地似肉状，在早、中期气管有卡他性分泌物、支气管淋巴结入纵隔淋巴结通常肿大。

【防治措施】 防治猪气喘病应采取综合措施，包括药物治疗、环境消毒、营养管理、疫苗预防等。猪支原体治疗：林可霉素，泰乐菌素、金霉素、恩诺沙星等。预防措施：控制环境，加强通风，温度适宜，密度合理，严格消毒，实行全进全出。培育 SPF 猪控制该病。采取药物预防，在后备猪、母猪产前、产后和断奶之后，仔猪保育期间投药，包括支原净、金霉素、强力霉素等，无病猪场引种慎重，必须严格隔离、检疫。

接种弱毒苗、灭活苗在一定程度上可以保护猪只。仔猪感染猪气喘病的主要是来自母猪的垂直感染，仔猪在哺乳期间可以接种，越早越好。

猪气喘病康复猪对强毒感染有抵抗力，这种免疫力与血清 IgG 抗体水平相关性不大，起保护作用的主要是上呼吸道和支气管表面产生局部黏膜抗体 IgA。猪气喘病免疫机制决定了猪气喘病产生免疫的能力相对较弱，以产生体液免疫为主的灭活疫苗免疫能力更弱。目前有两类猪喘气病疫苗：一类为弱毒苗，南京天邦生物科技有限公司研发的 168 无细胞培养弱毒株。另一类为灭活苗，由辉瑞、富道等公司生产，168 无细胞培养弱毒株。

新生仔猪 5～15 日龄右侧肺内注射接种猪气喘病弱毒冻干疫苗，一般一次免疫即可，强阳性猪场在 60～80 日龄二免，效果更好。免疫后 2 周开始产生免疫力，1 个月抗同群感染，2 个月抗强毒攻击，免疫期 9 个月以上。

灭活苗一般在仔猪 7～12 日龄首免，每头 1～2 毫升，间隔 14 天二免，每头 2 毫升。注射疫苗期间不得使用土霉素、支原净等对疫苗有抑制作用的药物，注射部位和注射针头要消毒。

四、猪乙型脑炎

【病　原】 猪乙型脑炎是由乙型脑炎病毒所致的一种人兽共患病，主要引起母猪的繁殖障碍和公猪睾丸炎。本病最早发现于日本，所以又称日本乙型脑炎。乙脑病毒必须依靠吸血雌蚊作为媒介进行传播，流行环节是猪－蚊－猪。乙脑病毒可在蚊体内繁殖和越冬，并可经卵传代。乙脑病毒可通过胎盘垂直感染胎儿。各种年龄、品种、性别的猪均易感染，病愈后不再复发。本病具有明显的季节性，主要发生于7～9月份，本病呈散发，隐性感染较多。

【临床症状】 病猪体温升高，精神沉郁，食欲减退，少部分猪出现后肢麻痹、关节肿痛，有的猪出现视力障碍，走动乱撞。妊娠母猪患病后可突然发生流产、早产、死胎、弱胎、木乃伊胎等。公猪常发生睾丸炎，多为单侧性，初期肿胀有热痛感，数日后炎症消退，睾丸萎缩变硬，性欲减退，精液带毒，失去配种能力。

【病理变化】 病猪脑膜以及实质充血、出血、水肿。睾丸实质充血。流产胎儿常出现脑水肿。母猪子宫内膜充血，有黏稠的分泌物，少数有出血点。发高热或产死胎的母猪子宫黏膜下组织水肿，胎盘呈炎性反应。

【防治措施】 驱蚊灭蝇，做好隔离和消毒，切断传播途径。用猪乙型脑炎疫苗免疫接种，后备猪在配种前接种，种猪在每年3～4月份(流行季节前45天)接种。接种1个月产生免疫力，保护期为1年。

五、口蹄疫

【病　原】 口蹄疫是由口蹄疫病毒感染引起的偶蹄动物共患

的急性、热性、接触性传染病，有 7 个血清型，猪主要是 O 型。

本病主要传染源为患病动物和带毒动物。通过水疱液、排泄物、分泌物、呼出的气体等途径向外排散感染力极强的病毒，污染饲料、水、空气、用具和环境。屠宰后通过未经消毒处理的肉品、内脏、血、皮毛和废水广泛传播。

【临床症状】 本病呈流行性发生，传播速度快，发病率高，多发于秋末、冬季和早春，尤其是春季多发。成年病猪以蹄部水疱为主要特征，体温开始高到 40℃，口腔黏膜、鼻端、蹄部和乳房皮肤发生水疱溃烂。乳猪发病时临床多表现急性胃肠炎、腹泻以及心肌炎而突然死亡，致死率达 80%以上，妊娠母猪可发生流产。

【防治措施】 场内实行封闭式生产，制定和执行各项防疫制度，控制外来人员和外来车辆入场，定期进行灭鼠、灭蝇、灭虫工作，防止外源病原侵入本场。在防制猪口蹄疫工作中，消毒是重要的措施之一，猪群、猪体可用过氧乙酸、氯制剂等消毒药物消毒，场地、环境选用火碱、生石灰等消毒药物彻底消毒。常规消毒防疫纳入生产的日常管理。

根据本场的实际情况，结合血清免疫学监测，制定科学、合理的免疫程序，种猪一般每隔 4 个月免疫 1 次，每次肌内注射常规苗 2 毫升或肌内注射高效疫苗 1～1.5 毫升，仔猪 28 日龄首免，4 周后二免。妊娠母猪在分娩前 4 周左右可以接种 1 次灭活苗，仔猪可通过初乳中相应的抗体得到保护。口蹄疫的控制不能完全靠疫苗，必须在平时采取严格的隔离消毒等措施才能杜绝口蹄疫的发生。

【疫情控制】 坚持早发现、严封锁、小范围内及时扑灭的原则。出现可疑病猪，可采水疱皮送检验机构进行确诊。严格执行隔离与消毒措施。当猪场发生疫情或周边地区出现口蹄疫疫情时对未发病的全群猪紧急接种疫苗，常规苗每头 5 毫升，高效苗每头 3 毫升，15 天后再加强免疫 1 次。

六、猪链球菌病

【病　原】　猪链球菌病是由多个血清群链球菌感染所引起多种病的总称。猪链球菌病属国家规定的二类动物疫病，是一种人兽共患传染病。猪链球菌为革兰氏阳性球菌血清型很多，Ⅰ型和Ⅱ型为重要病菌，其中Ⅱ型可感染并致死人类 。链球菌分布广泛，常存在于动物及人的肠道、呼吸道、生殖道中。在动物机体抵抗力降低和外部环境变化诱导下，会引起动物和人发病。

主要传染源为病猪及带菌猪，病猪尿、血液、肌肉、内脏、关节含有较多的病原，病原通过伤口、呼吸道而侵入，如通过空气、喷雾、注射、断脐(如新生仔猪通常由于脐带伤口感染)、阉割等途径侵入。

本病一年四季均可发生，5～11 月份相对较多。在养猪场，猪链球菌病已成为一种常见病和多发病，经常成为一些病毒性疾病如猪瘟、猪繁殖与呼吸综合征等继发病。常与附红细胞体病、巴氏杆菌病、副猪嗜血杆菌病、传染性胸膜肺炎等多种疾病混合感染。气候突变、营养不良、卫生条件差、多雨和潮湿、长途运输等均可促使本病的发生。大、小猪均可发病，主要危害仔猪，多发败血症和脑膜炎。成年猪通常发病较少，淋巴结脓肿型多发于肥育猪和成年猪。

【临床症状】　潜伏期一般 1～3 天，长的也可达 6 天以上，根据临床表现，猪链球菌病可分为猪败血性链球菌病(败血型)、猪链球菌性脑膜炎(脑膜炎型)、猪淋巴结脓肿(淋巴结脓肿型)3 种类型。

1. 败血型　败血型又分为最急性、急性和慢性 3 种。其中最急性病例主要见于流行初期，发病急，病程短，往往不见任何异常症状猪就突然死亡。发病猪突然减食或停食，精神委顿，体温升高到41℃～42℃，呼吸困难，便秘，结膜发绀，卧地不起，口、鼻流出淡红色泡沫样液体，多在6～24小时死亡。急性型病猪表现为精神沉郁，体温升高达43℃，出现稽留热，食欲不振，眼结膜潮红，流泪，鼻腔中流出浆液性或脓性分泌物，呼吸急促，间有咳嗽，颈部、耳郭、腹下及四肢下端皮肤呈紫红色，有出血点，出现跛行，病程稍长，多在1～3天死亡。慢性型病例多由急性型转变而来。病猪多表现为多发性关节炎，表现一肢或几肢关节肿胀，疼痛，高度跛行，甚至不能站立，严重的可瘫痪。病程可达2～3周。

2. 脑膜炎型 以脑膜炎为主要症状。多发生于哺乳仔猪和断奶仔猪，主要表现为神经症状，如运动失调、盲目走动、转圈、空嚼、磨牙、仰卧，后躯麻痹，侧卧于地、四肢呈游泳状划动。病程短的几小时，长的1～5天，病死率极高。病程长的表现呈多发性关节炎。

3. 淋巴结脓肿型 该型是由猪链球菌经口、鼻及皮肤损伤感染而引起。多见于断奶仔猪和肥育猪。主要表现为在颌下、咽部、耳下、颈部等部位的淋巴结化脓和形成脓肿。病程3～5周。

根据猪链球菌病的流行特点、临床症状、病理变化、实验室检验等可以做出诊断。在临床上，如果病猪症状表现为突然死亡，发现高热、耳和鼻发绀、呼吸急促、神经症状，部分猪只有关节肿、跛行等症状，均可怀疑为猪链球菌病。在这种情况下，需按规定进行实验室检查确诊。

【防治措施】

1. 预防 加强饲养管理，搞好环境卫生消毒，控制人员和物品的流动。规范引种，应严格执行检疫隔离制度，淘汰带菌母猪。

在对猪只进行断尾、去齿和去势等操作时要加强局部的消毒。猪只出现外伤应及时进行外科处理，防止受到猪链球菌的感染。

本病易发生、流行地区的猪场可在饲料中适当添加一些抗菌性药物如恩诺沙星或氧氟沙星等抗生素。抗菌药物的选择应基于药敏试验的结果，选用对猪链球菌敏感的药物。预防性用药必须遵守有关兽药休药期的规定。发生疫情的地区和猪场应及时进行疫苗免疫接种。病死猪和死因不明的猪尸体要进行无害化处理

2. 治疗　流行季节全群预防可在饲料中添加四环素、土霉素、金霉素、阿莫西林、林可霉素等药物。发现病猪要立即隔离，同时选用对本菌敏感的抗生素进行治疗。常用的有青霉素、庆大霉素等，必须及早用药，否则疗效差。

【疫情控制】　对零星散发病猪应进行无血扑杀处理，对同群猪立即进行免疫接种或用抗菌药物进行预防，并至少隔离观察14天。必要时对同群猪进行扑杀处理。对被扑杀的猪、病死猪及其内脏和排泄物、可能被污染的饲料、污水等要进行无害化处理。对可能被污染的物品、交通工具、用具、猪舍进行严格彻底消毒。对疫区、受威胁区所有易感动物进行紧急免疫接种或用抗菌药物进行预防。在确诊发生猪链球菌病疫情时，应由所在地县级以上兽医行政主管部门划定疫点、疫区、受威胁区。

猪链球菌病呈暴发流行时（1个乡镇30天内发现50头以上病猪，或者2个以上乡镇发生），由省级动物防疫监督机构用PCR方法进行菌型鉴定，同时报请同级人民政府对疫区实行封锁；县级人民政府接到封锁报告后，应在24小时内发布封锁令，并对疫区实施封锁。

疫点出入口必须设立消毒设施。限制人、畜、车辆进出和动物产品及可能受污染的物品运出。对疫点内猪舍、场地以及所有运输工具、饮水用具等必须进行严格彻底消毒。应对病猪作无血扑杀处理，对同群猪立即进行强制免疫接种或用药物预防，并隔离观察14天。必要时对同群猪进行扑杀处理。对病死猪及排泄物、可能被污染饲料、污水等进行无害化处理；对可能被污染的物品、交通工具、用具、猪舍进行严格彻底消毒。

疫区应在交通要道建立动物防疫监督临时检查站，派专人监

管动物及其产品的流动，对进出人员、车辆进行消毒。停止疫区内生猪的交易、屠宰、运输、移动。对猪舍、道路等可能污染的场所进行消毒。对疫区内的所有易感动物进行紧急免疫接种。

受威胁区区内所有易感动物进行紧急免疫接种，对猪舍、场地以及所有运载工具、饮水用具等进行严格彻底消毒。

七、猪附红细胞体病

【病　原】 猪附红细胞体病是严重影响养猪生产的传染病之一。附红细胞体可感染包括人在内的多种动物。本病以发热、贫血和妊娠母猪的流产为特征。习惯上，人们将猪附红细胞体称为血液寄生虫，该病原寄生在猪红血球上的立克次氏体，其可造成红细胞的改变而容易为体内的网状内皮系统或是被吞噬细胞所破坏，因而造成红细胞数量的减少，导致贫血、发育减慢、料肉比提高。猪附红细胞体病通常发生在哺乳猪、妊娠母猪以及受到高度应激的肥育猪身上。

传染途径主要由节肢动物叮咬以及器械的机械性传播。任何日龄的猪均可发病，仔猪、肥育猪多发，种猪相对发病较少。猪附红细胞体病全年均可发生，秋季多发，每年的 8～9 月份发病达到高峰期，与吸血昆虫叮咬有关。在流行地区，猪附红细胞体病感染率极高，多隐性感染，在饲养管理差、应激严重或感染其他疾病时发生该病。常与猪弓形虫病、链球菌、猪瘟等病并发。

【临床症状】 病猪精神沉郁，食欲减退，发病初期病猪体温升高到 40.5℃～42℃，眼结膜潮红，中后期苍白、稍黄染，皮肤苍白，毛孔处有点状血液渗出，背部最明显。臀部和后肢有紫红色淤血斑，病猪起卧困难，站立不稳，行走时四肢僵硬，后躯摇摆。病猪尿液呈棕黄色至棕红色，严重的病猪在圈舍地面上留下红色的尿迹，病猪初期排干粪，中后期排粥样黑色粪便。

【防治措施】 以预防为主，夏季注意消灭蚊、蝇、螨虫等传播媒介，防止昆虫叮咬猪群。夏秋季节要经常喷洒杀虫药物。加强饲养管理，减少各种应激，在有应激因素发生前后应多服用抗应激多种维生素及抗生素，以防该病发生。易被血液污染的器械（注射器、剪齿钳、手术刀、阉割工具等）应严格消毒。该病病原体主要寄生在红细胞上，使正常的细胞被破坏、减少，导致机体抵抗力下降，易与其他疾病混合感染和继发感染。猪附红细胞体病在临床上经常与猪瘟、链球菌病、弓形虫病混合感染，以及继发感染肠炎、肺炎等疾病，治疗时应在治疗原发病的同时，对继发病和并发症进行治疗，才可取得最好的治疗效果。该病在不同地区治疗效果不一，应根据实际病情，选择用药，防止继发感染或混合感染。

八、猪细小病毒病

该病的主要特征是受感染的母猪，特别是初产母猪胚胎及胎儿死亡。胚胎死亡后被母猪吸收而表现空怀和重复发情。在妊娠后期感染，可使部分胎儿死亡，产生木乃伊胎、畸形胎、死胎、弱仔。健康猪群一旦传入此病，3 个月内几乎全群感染，造成重大损失。

该病无法治疗，猪细小病毒病灭活疫苗，在疫区或非疫区均可使用，不受季节限制。种公猪根据是否阳性决定是否注射该疫苗，阳性猪每年进行 2 次免疫。母猪、后备母猪必须在 5 月龄至配种前 30 天进行免疫接种，30 天后加免 1 次，经产母猪应在每次配种前进行免疫接种。

九、猪伪狂犬病

母猪感染后无明显症状，但妊娠母猪可发生流产、死胎、木乃伊胎、弱仔。哺乳仔猪可出现发热、神经症状和败血症症状。

此病无法治疗。最好从伪狂犬病猪场引猪，净化该病。市面上有灭活苗、弱毒苗、基因缺失苗，无该病的猪场禁用本疫苗。初产母猪于配种前接种，妊娠母猪于产前3～4周接种。仔猪可断奶时接种1次，间隔4～6周后再加强免疫1次，以后接种猪每6个月加强免疫1次。妊娠母猪于分娩前3～4周免疫1次，其所产仔猪的母源抗体可持续3～4周。

十、仔猪黄白痢

【病　原】 仔猪黄白痢是指仔猪黄痢与仔猪白痢，病原体是致病性大肠杆菌。仔猪黄白痢发病率和死亡率均较高，是造成仔猪育成率低、影响养猪业效益的主要疾病之一。

【临床症状】 仔猪黄痢主要发生于出生后数小时至7日龄内的仔猪，以1～3日龄最常见，1周龄以上很少发病。本病尤以头胎青年母猪所产仔猪的发病率为最高，发病急，病死率也高。临床特征为排腥臭黄色浆状稀便，内含凝乳小片，肛门松弛，捕捉时肛门冒出稀便，发病仔猪精神沉郁，食欲不振，迅速脱水、消瘦、衰竭而死。剖解常见颈、腹部皮下水肿，肠道膨胀，含有多量黄色浆状内容物以及气体，肠黏膜呈卡他性炎症变化，以十二指肠最为严重，空肠、回肠次之，肠系膜淋巴结有弥漫性小出血点。

仔猪白痢多发生于10～30日龄仔猪，以10～20日龄的仔猪发病最多，也最为严重，1月龄以上则很少发生。本病发病率较高，而死亡率相对较低，但会影响仔猪的生长发育。临床特征为仔猪突然发生腹泻，粪便呈乳白色、灰白色、淡黄色或黄绿色，浆糊样，有特殊腥臭味，有时粪便较稀，带有气泡；有时混有血丝；排粪次数增多，每天可达数次，严重时排粪失禁或脱肛；有时呕吐。发病仔猪日渐消瘦，精神沉郁，食欲不振，被毛粗乱无光泽，怕冷，呼吸加快，离群独处，或单个伏卧于垫草中。最终因极度衰弱而死。

剖解变化为外表苍白消瘦，脱水严重，肠壁菲薄失去弹性，肠黏膜充血，轻度出血，肠内容物增多，呈水样或泡沫样。

引发仔猪黄白痢的主要原因是母猪带菌，大肠杆菌为猪肠道的正常菌群，且多数为益生菌。同时也存在一定比例的致病菌，依靠其菌毛黏着在肠黏膜上皮细胞表面定植，产生肠毒素、水肿素、内毒素等而引起致病作用，被称为致病性大肠杆菌。这些致病菌随同粪便一起被排出体外，污染母猪的乳头和体表、圈舍、饲料等，仔猪通过吮吸母猪乳头、舔啃圈舍、饲料、母猪皮肤等，而食入病原菌，引起感染。

仔猪黄白痢与仔猪本身的生理特点有关。初生仔猪的胃腺发育不完善，分泌胃酸的能力差，对细菌的抑制和杀灭能力弱，致使食入的致病菌在胃肠道大量繁殖，造成消化道功能紊乱，从而引发仔猪黄白痢等腹泻性疾病。仔猪的机体调节功能不完善，易受外界环境因素影响，如气候突变、阴雨潮湿、母乳质量差、饲料配方变化、饮水卫生差及转群等应激因素，均可诱发或加重本病。

仔猪黄白痢与营养缺乏和母猪胎次有关。母乳质量差、供给不足或补饲较晚等，致使机体蛋白质合成不足，导致仔猪抵抗力低下。仔猪缺铁、硒和维生素等也可导致机体抵抗力下降而继发本病。仔猪黄白痢的发生也与母猪胎次有关。母猪胎次越少，其发病率和死亡率越高，反之越低，其原因与母猪胎次增加、自然感染形成免疫应答有关，仔猪通过吮吸母乳获得母源抗体，因而具有一定的抵抗力。

【防治措施】

1. 加强母猪的饲养管理　给妊娠母猪和哺乳母猪全价饲料，可使胎儿发育健全，促使母猪分泌更多更好的乳汁，保证仔猪的营养需要。

2. 加强仔猪饲养管理　初生仔猪，应尽快吃上、吃足初乳，提高机体的被动免疫能力。保证适宜的环境温度，降低湿度。仔猪生长发育速度快，在出生3天左右要注射铁剂，可预防仔猪缺铁性贫血。早补料，以满足仔猪机体营养的需要。

3. 搞好环境卫生 产房要彻底消毒、干燥，减少用水作业（尤其在仔猪生后7天内）。夏季加强通风，降温，冬季注意保暖，粪尿及时清除。产房采用全进全出的生产方式。在上一批猪全部出栏后，必须对猪舍和猪栏进行严格消毒，空置5～7天后再转入新的猪群。在母猪转入分娩舍前，猪身须经彻底擦洗消毒。对于从疫情不明猪场引猪要严格管理，猪场禁止人员随意参观和动物进入。

4. 药物预防 母猪在分娩前、后各1周在饲料中添加广谱抗菌药物，如金霉素、土霉素等；在仔猪饲料中添加抗生素；新生仔猪在未吃奶前灌服环丙沙星、氧氟沙星等抗菌药物，根据情况在以后2～3天内，每天2次，连续灌服；在仔猪出生后可实行三针保健计划，即3天、7天和21天，分别注射长效土霉素，也会减少大肠杆菌病的发病率。

5. 母猪免疫接种 目前已有多种预防仔猪黄、白痢的疫苗可供选用，如弱毒苗、灭活苗、全菌体苗和基因工程苗等，最常见的疫苗有大肠杆菌基因工程二价苗（K88、K99）、三价苗（K88、K99、987P）及四价苗（K88、K99、987P、F41）等。最好选用四价苗，因为含有黏附因子（F41），效果好于二价和三价苗。初产母猪场及发病较严重的猪场应在母猪产前40天和产前15天各接种1次，一般呈可在母猪产前15天接种1次。

6. 治疗措施 该病要以采取综合措施预防为主。对于发病猪只，饮水中添加抗生素是一种有效方法，通常抗生素药物口服效果优于注射。发病的早期可用新霉素、环丙沙星、氟哌酸、庆大霉素等药物灌服，连续3～4天。仔猪发病时除对发病仔猪进行治疗外，同时对全窝仔猪作预防性药物治疗。大肠杆菌容易产生耐药性，应通过药敏试验，选用敏感的抗生素药物进行防治。

十一、猪传染性胃肠炎

猪传染性胃肠炎是猪的一种高度接触的病毒性肠道传染疾，临床上以仔猪呕吐、严重腹泻、失水为主要特征，各年龄猪均可发病，2 周龄以下猪患本病死亡率高，架子猪、成猪一般呈良性经过。本病流行具有明显的季节性，冬春季多，夏季少。在养猪密集地区，猪传染性胃肠炎被认为是仔猪发病和死亡的主要原因之一。

【病　原】 本病病原为冠状病毒，全世界只有 1 个血清型。病猪、带毒猪为主要传染源，可从粪便、呕吐物、乳汁、鼻液及呼出气体排毒，50％的康复猪带毒排毒达 2～8 周。传播途径包括污染饲料、饮水、用具等。

【临床症状】 潜伏期短，一般 12～18 小时，有时会 2～3 天。仔猪突然发病，先是呕吐，伴有或继而水样、粪便通常呈黄绿色或白色、常伴有未消化的凝乳块，体重减轻、脱水，2 周龄以下猪的发病率和死亡率高，多于 2～7 天死亡，病愈后仔猪常成为僵猪 。随着年龄增长，病死率下降。幼猪、肥猪和母猪的症状表现不一。通常表现为食欲不振，个别猪出现呕吐、腹泻，腹泻持续一至数天后停止，然后康复。极少死亡（多因应激或混合感染等其他因素所致）。

【病理变化】 尸体明显脱水，眼球下陷。肉眼变化常局限于胃肠道，胃内充满凝乳，胃底黏膜轻度充血（或无）。小肠充满白色至黄绿色泡沫性液体，一般有未消化凝乳块，空肠和回肠绒毛明显变短，肠壁菲薄，几乎透明，缺乏弹性。

【防治措施】

1. 严格执行消毒制度 注意人员、车辆等消毒。注意环境卫生，防止传染性胃肠炎病毒侵入猪场。坚持从无该病猪场引进种猪，并对新引进猪进行血清学检查。血清学阴性，隔离 2～4 周后方可并群。

2. 免疫预防 妊娠母猪产前3～4周注射疫苗，使仔猪从初乳中获得抗体。

3. 药物治疗 新生仔猪口服抗康复猪血清或高免血清，10毫升/日，连用2～3天，有一定疗效。对患病的猪要加强护理，对症治疗，口服电解质、葡萄糖，减轻脱水症状。

十二、猪流行性腹泻

猪流行性腹泻是一种以胃肠道为主要特征的病毒性传染病，以水泻、呕吐和脱水为特征，与传染性胃肠炎非常相似。

【病　原】 由类冠状病毒引起，呈急性经过，发病率(100%)和死亡率(50%)高，呈地方流行，临床症状、病理变化与传染性胃肠炎相似，通过免疫学试验确诊。本病病原对乙醚、氯仿等敏感，对外界环境和消毒药抵抗力不强。一般消毒剂可将其灭活。

猪流行性腹泻多发生于12月份至翌年2月份寒冬季节，本病主要通过动物粪便污染物经消化道感染。各种年龄的猪都能感染发病，哺乳仔猪、断奶仔猪和肥育猪感染发病率100%，成年猪较低，为15%～20%。哺乳仔猪受害最严重，病死率平均50%。传播速度较猪传染性胃肠炎慢，在猪场中缓慢传播，常在4～5周内传遍整个猪场，多于1个月左右自行停止流行。

【临床症状】 与猪传染性胃肠炎十分相似，不论大、小猪均可发病，哺乳仔猪主要表现为呕吐、水样腹泻、脱水，腹泻开始时排黄色黏稠便，以后变成水样便，同时精神沉郁、厌食，消瘦及衰竭。体温一般正常或稍偏高。1周内哺乳仔猪常在腹泻后3～4天死亡，病死率约50%，2周龄以上以及断奶仔猪与肥育猪症状较轻，大约持续1周左右，很少死亡，成年猪症状更轻。饲养管理条件与应激因素等往往与临床症状和死亡率有密切关系。

【防治措施】 在本病流行地区可对妊娠母猪在分娩前3～4周注射猪流行性腹泻灭活疫苗，以保护出生仔猪，减少其发病和死亡。其他防治措施可按照猪传染性胃肠炎进行。

十三、猪轮状病毒性腹泻

【病　原】 仔猪轮状病毒性腹泻是由猪轮状病毒引起的急性肠道传染病，该病分布广泛，是危害养猪业的主要疾病之一。新生仔猪患病后也能传给母猪，痊愈的猪也能再次感染。病毒主要侵害猪小肠绒毛上皮细胞，导致猪生长受阻。

猪轮状病毒是一种条件性病原，一般情况下呈隐性感染，当环境因素（寒冷、潮湿、卫生条件差）发生变化、免疫力下降时可暴发。

该病具有季节性，气温较低的季节发生率高，冬、春季多发，发病率高（80%～100%），死亡率为5%～30%，常呈地方性流行。本病的传染源主要是成年隐性带毒猪和病猪，可通过消化道和呼吸道传染，呈地方性流行。对轮状病毒具有免疫力的母猪在产仔前3天或产仔后2周，可经粪便排毒。猪群一旦发生本病，以后每年都有可能发生。各种年龄和性别的猪都可感染本病，但在疫区由于大多数成年猪已感染过而获得了免疫力。

【临床症状】 潜伏期一般为12～24小时。以精神委顿、厌食、呕吐、腹泻、脱水为特征。发病初期猪精神委顿，食欲不振，不愿走动，呕吐，腹泻，粪便呈黄色、灰色或黑色。持续腹泻导致脱水。

【病理变化】 病变主要限于消化道。胃弛缓，里面充满凝乳块和乳汁，肠管菲薄，半透明，其中充满液状，色灰黄或灰黑，小肠绒毛短缩扁平。

【防治措施】 目前尚无有效治疗药物，主要是加强饲养管理。保持圈舍卫生，做好仔猪的防寒保暖工作，减少应激因素。新生猪及时吃到足够初乳，获得母源抗体保护。发现病猪，立即隔离到清洁、干燥和温暖的猪舍内加强护理，清除粪便及被污染的垫草，进行彻底消毒。发病地区可用猪轮状病毒疫苗对母猪或仔猪进行预防注射。在母猪临产前 4 周左右注射，仔猪可在 7 日龄、21 日龄各接种 1 次，注射部位在后海穴（尾根和肛门之间凹窝处）。

十四、断奶猪多系统衰竭综合征(PMWS)

2003 年在全国范围内流行和发生，目前各规模化猪场都存在 PMWS 问题。我国猪群 PMWS 由猪圆环病毒 2 型（PCV2）感染引起，主要危害 6～8 周龄仔猪，发病率高、死亡率高；其次是哺乳仔猪。

在环境差如饲养密度过大、猪群拥挤、空气污浊、各种年龄的猪混养、卫生条件差及其他各种应激因素存在的猪场，病情较重，发病率和死亡率均很高。猪只断奶后 1 周表现出进行性消瘦，生长迟缓，被毛粗乱，呼吸困难、喘气、腹式呼吸，常合并感染蓝耳病、伪狂犬病，继发感染猪副嗜血杆菌、巴氏杆菌、链球菌、附红细胞体病。

该病目前没有有效的疫苗和治疗药物。控制该病需要采取综合措施，规模化猪场应实现全进全出，至少在产房和保育阶段要全进全出，避免将不同日龄的猪混群饲养，从而减少、降低猪群之间 PCV2 的接触感染机会。减少保育猪群的应激因素，避免饲喂发霉变质或含有真菌毒素的饲料，保育猪舍注意通风、换气，改善空气质量，降低氨气浓度，保持猪舍干燥，降低保育猪群的饲养密度。通过提高猪群的蛋白质、氨基酸、维生素和微量元素等水平，提高饲料的质量，提高断奶猪的采食量，加强消毒卫生，PCV2 对常规消毒剂抵抗力很强，预防用药，控制猪群的细菌性继发感染，在妊娠母猪产前和产后阶段、哺乳仔猪断奶前和断奶后按预防量适当在饲料中添加一些抗菌药物，支原净和强力霉素，妊娠母猪脉冲式给药，每个月 1 次，每次 7 天，在产前 1 周和产后 1 周添加。乳猪料中添加药物。控制好猪瘟、伪狂犬病、气喘病、蓝耳病等疾病，减少继发感染的机会。

十五、仔猪水肿病

【病　原】　仔猪水肿病是由致病性大肠杆菌引起的断奶仔猪的一种肠毒血症，病猪以全身或局部麻痹、共济失调和眼睑水肿为主要特征。一旦发病，很难挽救，是养猪生产中重要的疑难病症之一，主要发生于断奶仔猪，特别是断奶后 5～15 天的生长快、膘情好的仔猪。一年四季均可发生，尤以冬春季节多发，流行较广泛，病死率高。

【临床症状】　本病的特征是发病突然，暴发初期，常见不到临床症状病猪就突然死亡。发病稍慢的，早期表现为精神沉郁、不食，眼睑、头部、颈部和肛门等部位水肿，有时全身水肿，指压留痕，病初有神经症状，表现为兴奋、转圈、心跳增快、震颤、共济失调、叫声嘶哑，后期发生后肢麻痹。急性病例 4～5 小时死亡，多数在1～2 天死亡，年龄稍大的猪，病程可长达 5～7 天。

致病因素有多种，包括断奶应激、饲料配方改变、气温变化、缺乏维生素和矿物质元素等。此类大肠杆菌在哺乳期间即有少量存在于仔猪肠道内。但在哺乳条件下并不致病。在适当诱因的作用下，如断奶或饲料突然改变，以及天气骤然变化（寒流来袭或阴雨天后），引起机体抵抗力下降，特别是胃肠功能紊乱，肠道内正常微生物之间的微生态平衡破坏，促进了溶血性大肠杆菌的增殖，产生大量肠毒素，导致了水肿病的发生。

【防治措施】　不要从有病猪场引猪。注意保温，饲料中添加药物，断奶后仍然饲喂乳猪料，改变饲料和饲养方法都应循序渐进逐步进行，配方科学合理，避免蛋白质水平过高。注意环境卫生，加强消毒。疫苗虽不很成熟，但接种后有一定的预防作用。

十六、仔猪副伤寒

仔猪副伤寒又称猪沙门氏菌病，主要发生于断奶后的 2～4 月龄的仔猪，成年猪及哺乳猪很少发生，是仔猪的一种较常见的传染病。主要特征是急性者呈败血症变化，亚急性和慢性者为坏死性肠炎，出现严重下痢，少数有时发生卡他性或干酪性肺炎。

【病　原】 本病的病原体主要为猪霍乱沙门氏菌和猪伤寒沙门氏菌，沙门氏菌为革兰氏阴性杆菌。病菌常存在于病猪的各脏器及粪便中，对干燥、腐败、日光等抵抗力较强，但对消毒剂的抵抗力不强，3％来苏儿、3％甲醛等均能将其杀死，10％～20％石灰乳，20％～30％草木灰水消毒效果比较好。

病猪及带菌猪是本病的主要传染源。传染方式有 2 种，一种是由于健康猪采食了病猪及带菌猪排出的病原体污染的饲料、饮水等，导致经消化道感染；另一种是存在于健康猪体内的病菌，在猪体质变弱、抵抗力降低时，毒力增强而导致内源性感染。本病通常呈散发，若有恶劣因素的严重刺激，也可呈地方性流行。一年四季均可发生，特别是阴雨连绵的季节更为多见。

【临床症状】 本病潜伏期差异很大，从数天到数周，根据临床表现分为急性和慢性，急性(败血症)多见断奶后不久的仔猪，常突然发病，精神不振、食欲废绝，体温升高到 41℃～42℃，病初便秘，后下痢，粪便恶臭，有时带血，间有腹痛，呼吸困难，耳根、鼻端、胸前、腹下、腰部及四肢末端皮肤有出血紫斑，最后猪呼吸困难，体温下降，偶尔咳嗽、痉挛，一般在出现症状后 2～4 天死亡。慢性型(结肠炎型)是本病常见类型，病猪精神不振，食欲逐渐减退，轻微或中度发热(40.5℃左右)，便秘和下痢交替进行，排出灰白色、淡黄色、黄绿色粪便，有时带血和组织碎片。病程较长，持续数周，衰竭死亡，未死者生长发育受阻形成僵猪。

【防治措施】 注意仔猪舍的保暖，圈舍清洁干燥，饲槽要洗刷卫生。初生仔猪早吃初乳，提前补料，断奶分群时，不要突然改变环境与饲料配方，猪群密度避免过大。30日龄仔猪用仔猪副伤寒疫苗免疫接种，肌内注射或口服（用凉开水按每头份5毫升稀释，每头灌服5毫升，或拌少量饲料喂服）。在饲料中加入土霉素、金霉素、氟哌酸等药物预防。规模猪场应将病猪隔离治疗，猪舍彻底消毒。病猪可用庆大霉素等抗生素治疗。

十七、猪 痢 疾

【病　原】 猪痢疾又称血痢或弧菌性痢疾，是由猪痢疾密螺旋体引起的一种肠道传染病，主要经消化道感染，主要临床症状以拈液出血性下痢，高度脱水和大肠黏膜严重出血为主要特征。本病遍布世界各地，对养猪业危害极其严重。被我国列为二类传染病，为国际畜产品贸易中重要的检疫项目之一。

猪痢疾密螺旋体为革兰氏阴性菌，严格厌氧。不同日龄、品种的猪均易感，以7～16周龄的猪多见，哺乳仔猪很少发生。

【临床症状】 本病潜伏期一般1～2周，一般可分为最急性、急性和慢性3种。最急性通常无明显症状，突然死亡。急性型多数体温升高至40.5℃～41℃，食欲减退，剧烈下痢，排灰色软便或水泻，粪便内含有大量的黏液或血丝、血块，继而粪中含有鲜血、黏液和白色黏膜纤维性渗出物碎片，其味腥臭，有的病猪排出红白相间胶冻物或血便，精神沉郁，排便失禁，弓背吊腹，食欲减退，饮欲增强，虚弱消瘦，共济失调，最后因衰竭而死。3周后以慢性型为主，病猪下痢时轻时重，下痢时粪便中含有黑红色血液和黏液，食欲正常或稍减退，猪体进行性消瘦，贫血，生长迟滞，少数康复猪会在一段时间后复发。

【防治措施】 坚持自繁自养，严禁从疫区引种。加强饲养管理，搞好清洁卫生，保持圈舍洁净、干燥，猪场实行全进全出制，对病猪应及时隔离治疗或淘汰，并结合消毒管理好粪尿处理。目前尚无可靠的疫苗，要采用药物防治，常用药物有林可霉素、痢菌净等。

十八、猪流行性感冒

【病　原】 猪流行性感冒（猪流感）由猪流感病毒引起的一种急性高度接触性的病毒性疾病。具有发病突然，传播迅速，成群发生，发病率高而死亡率低，出现高热和上呼吸道炎症为主要特征。

该病发生有明显的季节性，多发生于气温骤变的秋冬季节和春季，尤其是潮湿多雨时易发。各种年龄、性别、品种的猪均可感染发病，常呈地方流行性或大流行性。传播迅速，2～3天可全群发病。病毒主要通过飞沫经过呼吸道传染。营养差、有内外寄生虫困扰、寒冷、潮湿、拥挤等应激因素促使本病发生。

【临床症状】 潜伏期平均为4天。突然发病，体温升高到41℃～42℃，精神沉郁，食欲减退或废绝，整个猪群迅速传染。肌肉疼痛，不愿站立，呼吸加快，伴有咳嗽，眼和鼻有黏性液体流出。若无继发症，常在4～6天康复。

【防治措施】 平时加强饲养管理和卫生防疫工作，避免猪群拥挤，注意防寒保暖，保持猪圈清洁干燥，营养合理，定期驱虫。一旦发生此病，对病猪应立即隔离，被病猪污染的圈舍、用具和饲槽等用消毒药物进行彻底消毒。

本病尚无特效药物，一般对症治疗，防止继发感染。解热镇痛，30%安乃近注射液5～10毫升，或复方奎宁注射液5～10毫升，或氨基比林5～10毫升，肌内注射，每日2次，连用2～4日。

采用抗病毒疗法，如应用病毒灵。还可采用柴胡注射液等中草药清热解毒。

十九、猪蛔虫病

一种最常见的寄生虫病。猪蛔虫寄生在猪的小肠中引起，主要危害 3～6 月龄的猪，造成生长发育不良，甚至引起死亡。猪蛔虫繁殖能力强，严重污染外界环境，蛔虫卵可在土壤中存活几个月至几年。本病一年四季均可发生；卫生条件差、猪只拥挤、饲料不足、微量元素和维生素缺乏时，猪只感染严重，一般是经口感染。成年猪抵抗力较强，一般无明显症状。对仔猪危害严重。

【防治措施】 猪粪便经堆积发酵或沼气发酵处理后可杀死蛔虫卵，保持圈舍卫生。每年应在春秋季节进行种猪全群驱虫，最好 3 个月 1 次，保育和肥育前期应各驱虫 1 次，母猪在分娩前进行驱虫。驱虫药物有敌百虫、左旋咪唑、丙硫苯咪唑等，敌百虫每千克体重 0.1 克，配成水溶液，拌料一次喂服；左旋咪唑每千克体重 10 毫克拌料，一次喂服；丙硫苯咪唑（阿苯达唑、丙硫咪唑）每千克体重 15～20 毫克，混入饲料饲喂。也可以伊维菌素、阿维菌素，每千克体重 0.3 毫克皮下注射，或用粉剂内服（3～4 毫克/千克饲料，连用 7 天。

二十、猪弓形虫病

弓形虫病是一种分布广泛的人兽共患病。弓形虫发育过程需要两个宿主，经历无性生殖、有性生殖两个世代交替。猫科动物为终末宿主，在小肠上皮细胞内进行有性生殖，也可在肠外其他组织细胞内进行无性增殖。哺乳动物和人可作为中间宿主，在体内仅进行无性增殖，可寄生在除红细胞外的几乎所有有核细胞中。

猪暴发该病时，有时引起全群发病，死亡率高，给养猪业带来很大的危害。猪通过消化道、呼吸道，皮肤划伤及病、健猪同圈饲养均可感染发病。不同品种、性别、年龄的猪均可发生，但以3～6月龄猪发病较多，无明显季节性，7～9月间发病较多。

一般呈急性暴发时，病猪体温升高到40℃～42℃，稽留不退，减食或不食，呼吸困难，呈犬坐势，有的咳嗽、流鼻液，眼结膜充血、有眼眵，耳部、胸部以至全身出现紫红色淤斑、腹泻等。有的猪出现癫痫发作、震颤、麻痹、不能站立等神经症状，最后极度衰竭死亡，病程4～5天。病程2周以上呈亚急性或慢性经过。成年猪也可感染，但多无症状；妊娠母猪感染可出现死产，或生出先天感染胎儿，短期内死亡、失明或后躯运动失调。

【防治措施】 猪场禁止养猫，积极灭鼠；加强饲料的保管，严防被猫粪污染。磺胺类药物对本病有较好的疗效，使用方法如下：磺胺嘧啶每千克体重60毫克，每日2次，肌内注射，连用3天；磺胺6-甲氧嘧啶每千克体重60～100毫克，口服，每日1次，连用4天。

二十一、猪囊尾蚴病

由人的有钩绦虫的幼虫寄生于猪的肌肉组织中引起的一种危害严重的人兽共患病。猪感染囊虫病与患绦虫病人的粪便有密切关系，因有钩绦虫寄生在人的小肠内，成熟虫卵的体节，每3～5个脱落下来，随粪便排出体外，被猪吞食后而患该病，人吃未煮熟的病猪肉可能会感染绦虫。

猪囊尾蚴少量寄生猪体时，症状不显著。严重感染时，病猪发育不良，贫血，生长迟缓，侵害肺和喉时，出现呼吸困难，声音嘶哑，寄生于眼部可引起失明或视觉障碍，寄生于脑部，有癫痫和急性脑炎症状，甚至引起死亡；寄生在舌、颊部肌肉时，引起咀嚼困难。剖检时在肌肉特别是心肌、舌肌、四肢及颈部肌肉中发现半透明囊泡,俗称“米肉”。

【防治措施】 避免猪接触人的粪便,人粪经过发酵处理后再作肥料。加强屠宰检验,禁止出售有囊尾蚴的猪肉。彻底清除人体内绦虫,以防止病原传播。对病猪可用药物进行治疗,吡喹酮是首选药物,吡喹酮按照每千克体重 50 毫克,口服,连用 5 天。丙硫苯咪唑每千克体重 60 毫克,一次肌内注射,或按每千克体重 30 毫克内服,每日 1 次,连用 3 天。

二十二、猪疥螨病

猪疥螨病是由猪疥螨引起的一种慢性皮肤寄生虫病,患猪发痒、产生皮炎。5 月龄以下猪最易发生,主要由病猪与健康猪的直接接触或通过被疥螨及其卵污染圈舍、垫草、用具间接接触感染。猪舍阴暗、潮湿、环境卫生差、营养不良,均可促进本病发生。幼猪相互挤压或躺卧的习惯是本病传播的重要因素。

【防治措施】 做好环境卫生工作,保持猪舍干燥、通风良好,光照充足。环境、用具定期用杀螨剂喷洒消毒。引猪时,要隔离饲养,确认无病方可混群。对病猪舍及用具可使用草木灰水、生石灰等彻底消毒。对病猪尽早治疗,可用 1%敌百虫溶液喷洒(现配现用,妊娠母猪禁用,以防流产),还可用 0.05%双甲脒溶液喷洒猪体(在母猪进入产房前可喷洒)。也可用伊维菌素皮下注射,一次量按照每千克体重 0.3 毫克,或伊维菌素粉剂以 4 毫克/千克添加,连续用药 7 天。

第五章　猪的品种与经济杂交

一、猪的优良品种

养猪生产者必须深刻认识到饲养良种种猪和利用杂交优势生产商品猪，是提高养猪生产性能和效益的基础。在生产中，要按照生长速度快、饲料转化率高、胴体品质好、产仔数高、肉质好的原则，结合市场需求来选择恰当的品种和经济杂交类型。

（一）国外引进的优良猪种

对我国养猪生产影响较大的国外品种猪有大约克夏猪、长白猪、杜洛克猪、汉普夏猪和皮特兰猪等。它们的共同特点是：生长快，饲料转化率高，屠宰率和瘦肉率高，肉质较差，产仔数偏少。

1. 大约克夏猪　大约克夏猪又称大白猪。原产英国，属瘦肉型品种。体躯结构匀称，侧观呈矩形。嘴长直，两耳直立，背腰平直，后躯宽长，但后腿欠坚实。乳头6～7对。全身被毛纯白色。成年公猪平均体重263千克，成年母猪平均体重224千克。肥育期平均日增重650克，瘦肉率65%。

在江苏、浙江、上海等地进行的以太湖猪为母本、大约克夏猪为父本的杂交试验，结果表明，杂种猪具有增重快、饲料转化率高、胴体瘦肉率高的特性，与梅山猪的杂种猪日增重759克，料肉比3.24∶1，胴体瘦肉率51.53%。

2. 长白猪　长白猪原名兰德瑞斯猪。原产于丹麦，是世界著名的瘦肉型猪种。被毛呈白色，头小清秀，颜面平直。耳向前倾平伸略下耷。大腿和整个后躯肌肉丰满，蹄质坚实，体躯明显前窄呈流线形。体躯长，乳头6～7对，初产母猪产仔数10～11头，经产母猪产仔数11～12头。丹系新长白猪生长快，饲料转化率高，体格大，体型匀称，四肢粗壮，后躯丰满。据丹麦测定，日增重793克，料肉比2.68∶1，胴体瘦肉率65.3%。成年公猪体重250～300千克，成年母猪体重230～250千克。

按引入先后，长白猪可分为英瑞系（即老三系）和丹麦系（新三系）。目前是我国引入最多的国外猪种。长白猪产仔数较多，生长发育快，饲料转化率高，胴体瘦肉率高，但抗逆性差，对饲料营养要求高。主要分养在浙江、河南、湖南、湖北、广东和河北等省。

3. 杜洛克猪　原产美国，是优良瘦肉型品种。20世纪70年代引入我国。杜洛克猪体型较大，耳中等大、略向前倾，耳尖下垂。面部微凹，体躯深广，肌肉丰满，腿臀发达。毛色呈红棕色，但深浅不一，从金黄色至棕褐色均有。

杜洛克猪繁殖力较强，性情温驯，抗寒力和适应性强。成年公猪体重380千克左右，母猪300千克左右。初产母猪产仔数9头，经产母猪产仔数10～12头。

杜洛克猪生长速度快，屠宰率高，胴体瘦肉率也高。据美国20世纪80年代初期测定，杜洛克猪在100～104千克体重时，其平均日增重为1039克，料肉比2.51∶1。利用杜洛克猪与我国地方品种杂交，能够较大幅度增加胴体的瘦肉率。例如，杜洛克公猪与太湖猪的二花脸母猪杂交，其一代杂种猪瘦肉率达54.85%；与三江白猪杂交，一代杂种猪瘦肉率高达62.25%。成年公猪体重为300千克左右，母猪为200千克左右。

杜洛克猪与我国地方猪杂交时，一代杂种猪毛色多为黑色或黑白花，群众不太喜欢，再加上杜洛克猪产仔不多，早期生长慢等问题，部分地区不用杜洛克猪二元杂交父本，而往往将它作三元杂交的第二父本使用。

4. 汉普夏猪　原产于美国，又名银带猪，是著名的瘦肉型品种猪。20世纪70年代引入我国。毛黑色，前肢白色，后肢黑色。最大特点是在肩部和颈部结合处有一条白带围绕，包括肩胛部、前胸部和前肢，呈一白带环，在白色与黑色边缘，由黑皮白毛形成一灰色带，故又称银带猪。头中等大小，耳中等大小而直立，嘴较长而直，体躯较长，背腰呈弓形，后躯臀部肌肉发达，性情活泼。

汉普夏猪繁殖性能较差，平均每胎可产活仔8.87头。157日龄体重可达90千克。成年公猪体重315～410千克，母猪250～340千克，料肉比3.04∶1。后腿肌肉发达，胴体品质良好。胴体瘦肉率60%以上。

5. 皮特兰猪 原产于比利时，是由法国的贝叶杂交猪与英国的巴克夏猪进行回交，然后再与英国的大白猪杂交育成的。主要特点是瘦肉率高，后驱和双肩肌肉丰满。

皮特兰猪毛色呈灰白色并带有不规则的深黑色斑点，偶尔出现少量棕色毛。头部清秀，颜面平直，嘴大且直，双耳略微向前；体躯呈圆柱形，腹部平行于背部，肩部肌肉丰满，背直而宽大。体长1.5～1.6米，平均窝产仔数9.7头。

在较好的饲养条件下，皮特兰猪生长迅速，6月龄体重可达90～100千克。日增重750克左右，每千克增重消耗配合饲料2.5～2.6千克，屠宰率76%，瘦肉率可高达70%。

由于皮特兰猪产肉性能高，多用作父本进行二元或三元杂交。用皮特兰公猪配上海白猪(农系)，其二元杂种猪肥育期的日增重可达650克，体重90千克屠宰，其胴体瘦肉率达65%；皮特兰公猪配梅山猪，其二元杂种猪肥育期日增重685克，料肉比为2.88∶1，体重90千克屠宰，胴体瘦肉率可达54%左右。用皮特兰公猪配长×上(长白猪配上海白猪)杂交母猪，其三元杂种猪肥育期日增重730克左右，料肉比为2.99∶1，胴体瘦肉率65%左右。

(二)我国地方优良猪种

我国幅员辽阔、自然地理条件复杂、养猪历史悠久、各地风俗习惯不同和长期交通不便利而形成丰富的猪种资源。根据《中国猪品种志》(1986年)记载,我国共有地方猪种48个,分华北型、华南型、华中型、江海型、西南型和高原型。

华北型主要分布在淮河、秦岭以北地区、包括东北、华北、内蒙、甘肃、新疆、宁夏,以及陕西、湖北、安徽、江苏等四省的北部地区和山东、四川、青海小部分地区。这一区域内一般气候较寒冷、干燥,饲养粗放,因而使猪的体质健壮、体躯高大、四肢粗壮、背腰狭窄、额间多皱纹,为适应严寒的自然条件,皮厚多皱、毛粗密、鬃毛发达、毛色多为金黑,繁殖力强(窝产仔数12头以上)生长增量较慢(12个月体重100千克左右)。主要猪种有民猪、淮猪、汉江黑猪、沂蒙黑猪、八眉猪等。

华南型主要分布在南岭与珠江流域以南,包括云南的西南和南部边缘,广西、广东偏南的大部分地区及福建的东南和台湾省。这一区域位于亚热带,雨水充足,饲料丰富且多以表绿多汁饲料和富含糖分的精料喂猪,从而形成这类猪体躯较短、矮、宽圆、皮薄毛稀、鬃毛较少,毛色多为黑色或黑白花,体质疏松腹下垂,背腰宽阔而多下凹,性成熟和体成熟较早,窝产仔数6～12头。主要猪种有香猪、陆川猪、桃园猪、五指山猪、广东小耳黑背猪等。

江海型主要分布在淮河与长江之间,包括汉水、长江中下游和沿海平原地区,以及秦岭和大巴山之间的汉中盆地。因农业和交通发达,饲料品种丰富且饲喂方法多为舍饲,所以形成了这一地区猪的多样性,从体型外貌及生产性能上处于华北、华中过渡型而差异较大,毛色为黑色或有少量白斑,以繁殖力高而著称,经产母猪窝产仔数13头以上,肥育猪12个月体重可达100千克。主要猪种有太湖猪、姜曲海猪、虹桥猪、阳新猪、圩猪等。

华中型主要分布在长江和珠江之间，猪的体质疏松，背较宽且多下凹、四肢短、腹大下垂、体躯较华南型大，毛稀且多为黑白花，一般窝产仔数10～13头，生长较快、肉质较好。主要猪种有华中两头乌猪、金华猪、宁乡猪等。

西南型主要分布在云贵高原和四川盆地，猪外形特点是头大、腿较粗短、毛以金黑和"六白"较多，少数有黑白花或红毛猪，窝产仔数8～10头。主要包括的猪种有内江猪、荣昌猪等。

高原型主要包括藏猪，分布在青藏高原，终年放牧饲养，体型较小、体质紧凑、四肢发达、嘴尖长而直、皮厚毛长，鬃长发达且生有绒毛，窝产仔数5～6头，生长慢。

我国地方猪种的共同特点是适应性强、繁殖力高、肉质好，但生长慢、瘦肉率低、饲料转化率低。近年来，随着人民生活水平的提高，对猪肉品质的要求也越来越高，地方猪种肉质、风味的特色要加以开发利用。近年来，不少猪场在生产含有我国地方品种猪血统的商品猪。

1. 民猪 主要分布于东北和华北部分地区，肉脂兼用型，头中等大，面直，耳大下垂，体躯扁平，背腰狭窄，臀部倾斜。东北型四肢粗壮。全身被毛黑色，毛密而长，猪鬃较多，冬季密生绒毛，起防寒保温作用，体躯扁平，背腰狭窄，臀部倾斜。华北型四肢粗壮，全身被毛黑色，毛密而长，头中等大，面直长，耳大下垂。乳头7对，经产仔猪窝产仔数12头。90千克屠宰，胴体瘦肉率46%左右，在地方品种中为较高的。成年公、母猪体重分别为195千克和151千克。

民猪具有抗寒能力强，体质强健，产仔较多，脂肪沉积能力强和肉质好的特点，适于放牧和较粗放的管理，与大约克夏猪、巴克夏猪、苏联大白猪、克米洛夫猪、长白猪杂交，培育成哈白猪、新金猪、东北花猪和三江白猪。这些新品种猪大都保留了民猪抗寒性强、繁殖力高和肉质好的特点。

2. 淮猪 原产地为江苏省淮北平原及沿海垦区、扬镇宁丘陵山区。淮猪被毛黑色，较密；体型紧凑，四肢结实，嘴筒较长而直；耳稍大下垂。乳头 9～10 对，3～9 胎经产母猪平均产仔数 13.2 头。肥育猪 80 千克屠宰，胴体瘦肉率 45%。

3. 沂蒙黑猪 数量多，分布广，具有耐粗放饲养、肉质好、屠宰率高等特点。主要分布于山东省沂南、沂水等地。体型中等。头大小适中，额宽，有金钱形皱纹，耳中等大，耳根硬，耳尖向前倾罩，嘴筒短而微撅，颈部宽短，胸宽而深，背腰平直且宽，四肢结实。皮灰色，毛黑色，有“金钱顶，全身黑，罩耳朵，双脊背”之称。乳头数 8 对。成年公、母猪平均体重分别为 199 千克和 154 千克。

4. 八眉猪 中心产区在陕西泾河流域、甘肃陇东和宁夏的固原地区，分布于陕西、甘肃、宁夏、青海等地。头较狭长，耳大下垂，额有纵行“八”字皱纹，故名八眉。被毛黑色。按体型外貌和生产特点可分为大八眉，二八眉和小伙猪 3 个类型。大八眉：体格较大，头粗重，面微凹，额较宽，皱纹粗而深，纵横交错；耳大下垂，长过鼻端，嘴直。背腰稍长，腹大下垂。四肢稍高，后肢多卧系，尾粗长，皮厚松弛，体侧和后肢多皱襞，呈套迭状，被毛粗长。二八眉：中等体型头较狭长，额有明显而浅的“八”字皱纹，耳大下垂，长与嘴齐，背腰狭长，腹大下垂，斜尻。大腿欠丰满，后肢多卧系，皱襞较少，且不明显。小伙型：体型小，体质紧凑，性情灵活。头轻小面直，额部多有旋毛，皱纹少而浅细，耳较小下垂，耳根较硬，嘴尖。背短宽较平，腹大稍下垂，后躯较丰满。四肢较短，皮薄骨细。成年公、母猪平均体重分别为 91 千克和 66 千克。八眉猪具有适应性强，抗逆性强，肉质好，耐粗放管理，遗传性稳定等特点。

5. 太湖猪 原产地是江苏省、浙江省、上海市交界处的太湖流域。太湖猪在江苏的主要产区为苏州、无锡、常州、南通、扬州的南部和镇江的东部。

太湖猪被毛黑色或青灰色，也有四肢系部或鼻吻白色的被毛稀疏，腹部皮肤多为紫红色。头大额宽，额部和后躯有明显的深厚皱襞，两耳大，软而下垂，长过嘴或略齐嘴角，近似三角形。腰背微凹，胸较深，腹大而下垂，臀部较高而倾斜。乳头数多，为 9～10 对，最高达 12 对。

太湖猪的突出优点是繁殖力特别高，是世界上已知品种中产仔数最高的一个品种。初产母猪平均窝产仔数 12.1 头，产活仔数 11.4 头，经产母猪的窝平均产仔数和活产仔数分别为 15.3 头和 13.6 头，最高窝产仔数 42 头，其中活仔数 40 头。

太湖猪成年公猪体重 140 千克，母猪 110 千克。肥育猪通常屠宰体重 75 千克，屠宰率 67%，胴体瘦肉率 40%左右。

6. 宁乡猪 中心产区在湖南省宁乡县的草冲和流沙河一带，主要分布于湖南宁乡县毗邻的益阳、安化、连源、湘乡等县以及怀化、邵阳两地区。体型中等。头中等大小，额部有形状和深浅不一的横行皱纹，耳较小、下垂。颈短粗，有垂肉。背腰宽，背线多凹陷，肋骨拱曲，腹大下垂，臀部微倾斜。四肢粗短，大腿欠丰满，多卧系，撒蹄。多数猪后脚较弱而弯曲，飞节内靠。尾尖、尾帚扁平，皮肤松弛。毛粗短而稀，毛色为黑白花。体躯上部为黑色，下部为白色，在颈部有一条宽窄不等的白色环带，称“乌云盖雪”；中躯上部黑毛被白毛分割为一、两块大黑斑者，称“大黑花”；体躯中部散见数目不一的小黑斑，称“小散花”。按头型可分为 3 种：狮子头，福字头，阉鸡头。成年公、母猪平均体重分别为 87 千克和 92 千克。胴体瘦肉率 34.7%。宁乡猪具有早熟易肥、脂肪沉积能力强、生长较快、性情温驯等特点。

7. 华中两头乌猪 分布较广，中心产区在湖南、湖北、江西等省，包括赣西两头乌猪、监利猪、沙子岭猪、通城猪等类群。该品种具有早熟易肥骨细，瘦肉率较高，肉质细嫩等特点。头短宽，额部皱纹多呈菱形，皱纹粗深者称“狮子头”；头长直额纹细浅者称“万子头”或“油嘴筒”。耳中等大、下垂。背腰多稍凹，腹大，后腿欠丰满。四肢较结实。多卧系，叉蹄。毛色：头、颈和臀、尾为黑色，躯干、四肢为白色。额上有一小撮白毛。乳头数6～7对，经产母猪平均窝产仔数11头。

8. 金华猪　原产于浙江省金华市东阳县、义乌县。金华猪体型中等偏小，毛色以中间白、两头黑为特征，即头颈和臀尾部为黑皮黑毛，胸、腰部白皮白毛，在黑白交界处有黑皮白毛的“晕带”，因此又称“两头乌”，但也常有少数猪的背部有黑斑。

金华猪耳中等大小，下垂，额有头纹，颈粗短，背微凹，腹大微下垂，臀较倾斜，四肢细短，蹄坚实呈玉色，乳头数多为7～8对，乳房发育良好，乳头结实而有弹性。

金华猪性成熟早，繁殖力高，经产母猪平均窝产仔数14.3头，成年公猪体重140千克，成年母猪体重110千克。肥育猪8～9月龄体重63～76千克，屠宰率72.6%，瘦肉率43.6%。胴体皮薄骨细，肉质好，腌制的火腿色、香、味、形俱佳，著名的金华火腿就是以金华猪为原料。

9. 香猪　主要分布贵州从江、剑河、三都、榕江、荔波等县。该猪全身被毛颜色为黑色，头长，额平，额部皱纹多，吻端粉红色或黑色，体躯矮小，耳郭小、硬、薄，向两侧平伸，眼周围有明显的无毛区，腹大丰圆下垂，背腰呈凹状下陷。成年母猪体重40千克，体高45厘米，体长80厘米，胸围75～86厘米。性成熟早，小公猪在65～70日龄就能射精，此时体重仅3～6千克。母猪3～5月龄可发情配种，妊娠期114天，初产母猪平均窝产仔数6.3头，经产母猪平均窝产仔数8.2头，60日龄断奶仔猪个体平均重3.86千克。

10. 五指山猪　是我国目前发现的体型最小、存栏数量最少的珍贵猪种，原产海南岛中部山区，俗称“老鼠猪”。其体型小，增重慢，饲养1年体重小于20千克。该猪被毛颜色为背部黑色、腹部白色，鬃毛较长。耳郭小直立，头细而长，嘴直。四肢细短，成年猪平均体重30千克，体高35厘米，体长50～70厘米，胸围67厘米，乳头5～6对。2～3月龄性成熟，公猪60天即有配种能力，母猪胎产仔6～8头。

11. 内江猪 中心产区在四川省内江市东兴镇一带，分布于四川省内江、资中、简阳、资阴，安岳、威远、隆昌和乐至等县市，体型大，体质疏松。头大，嘴筒短，额面横纹深陷成沟，额皮中部隆起成块，俗称“盖碗”。耳中等大、下垂。体躯宽深，背腰微凹。腹大不拖地，臀宽稍后倾，四肢较粗壮，皮厚。成年猪体侧及后腿皮肤有深皱襞，俗称“套裤”。被毛全黑，鬃毛粗长。按头型分为：“狮子头”额面皱纹特深，眼窝深陷，嘴筒特短，舌尖常外露；“二方头”嘴稍长，额面皱纹较浅；“毫杆嘴”嘴筒特长，目前为数甚少。成年公、母猪平均体重分别为169千克和155千克。乳头数7对，瘦肉率37%。经产母猪窝产仔数11头。

12. 荣昌猪 荣昌猪具有适应性强、瘦肉率较高等特点。中心产区在四川省荣昌和隆昌两县。分布于四川省永川、泸县、泸州、合江、大足、铜梁、江津、壁山、宜宾等县(市)及重庆市。体型较大，头大小适中。面微凹，耳中等大、下垂。额面皱纹横行，有旋毛。体躯较长，发育匀称，背腰微凹，腹大而深，臀部稍倾斜，四肢细致、结实。被毛除两眼四周或头部有大小不等黑斑外均为白色。也有少数在尾根及体躯出现黑斑或全白的，按毛色特征分别称“金架眼”“黑眼膛”“黑头”“两头黑”“金花”和“洋眼”等。其中“黑眼膛”和“黑头”约占一半以上。鬃毛洁白，刚韧。成年公、母猪平均体重分别为158千克和144千克。乳头数7对，经产母猪窝产仔数12头。瘦肉率40.7%。

13. 藏猪 主要分布在西藏自治区及毗邻的四川甘孜藏族自治州、云南迪庆藏族自治州等交通不便的半农半牧区。藏猪全身被毛颜色为黑色，有棕毛，身躯稍窄、背腰稍凸，后躯高，腹线平，尻部倾斜，四肢紧凑、结实，耳郭小直立，头型狭小呈锥状。有乳头5～6对。成年母猪平均体长85厘米，胸围73厘米，体高49厘米，体重35千克。初生仔猪重0.5～0.6千克，2～3月龄重25～40千克。为高原放牧品种，能适应恶劣的高寒气候和以放牧为主的低劣饲养条件，是世界上分布海拔最高的地区猪种，有极顽强的生命力和抗逆性。

（三）我国部分培育猪种

1. 苏太猪　是以世界上产仔数最多的太湖猪为基础培育成的中国瘦肉型猪新猪种，保持了太湖猪的高繁殖性能及肉质鲜美、适应性强等优点。

苏太猪全身被毛黑色，耳中等大小、前垂，脸面有浅纹，嘴中等长而直，四肢结实，背腰平直，腹小，后躯丰满，结构匀称，具有明显的瘦肉型猪特征。

苏太猪母性好，有效乳头7对以上，窝产仔数14头左右。屠宰率和瘦肉率分别为72.85%和56.10%，料肉比3.18∶1。

苏太猪与外种公猪杂交，具有生长速度快、瘦肉率高、杂种优势显著等特点，是生产瘦肉型商品猪的理想母本。苏太猪为母本，与大白公猪或长白公猪杂交生产苏太杂种猪是一个很好的模式。苏太杂种猪的胴体瘦肉率59%～60%，达90千克体重日龄160～165天，25～90千克阶段日增重700～750克，料肉比2.98∶1。

2. 新淮猪　育成于江苏省淮阴地区。1954年开始育种工作，1977年12月鉴定验收，成为我国较早培育成功的新品种，也是我国第一个有计划培育的新品种。新淮猪是用江苏省淮阴地区的淮猪与大约克夏猪杂交育成的肉脂兼用型猪种，全身被毛黑色，仅在体躯末端有少量白斑。头稍长，嘴平直微凹，耳中等大，向前下方倾垂。背腰平直，腹稍大但不下垂，臀略倾斜，四肢健壮，乳头7对以上，窝产仔数13～14头。商品猪8月龄可达100千克，成年公猪体重230～250千克，成年母猪体重180～190千克。

3. 三江白猪　1973年开始，用长白猪和民猪2个品种采用正反交、回交、横交的育种方式，到 1982 年，各项指标都达到了预期目标而命名的。三江白猪属瘦肉型品种，具有生长快、产仔较多、瘦肉率高、肉质良好和耐寒冷气候等特性。主要分布在黑龙江省东部三江平原地区，是生产商品猪及开展杂交利用的优良亲本。

三江白猪头轻嘴直，两耳下垂或稍前倾，全身背毛白色，背腰平直，中躯较长，腹围较小，后躯丰满，四肢健壮。蹄质坚实，乳头 7 对，排列整齐。成年公猪体重 250～300 千克，母猪体重 200～250 千克。肥育猪 20～90 千克阶段平均日增重 0.6 千克，体重达 90 千克日龄为 185 天，胴体瘦肉率 57%～58%，窝产仔数初产母猪 9～10 头，经产母猪 11～13 头。三江白猪与杜洛克、汉普夏、长白猪杂交都有较好的配合力，与杜洛克猪杂交效果显著，肥育期平均日增重 0.65 千克，瘦肉率 62%。

4. 湖北白猪 1986 年由大白猪、长白猪和通成猪、荣昌猪培育而成。瘦肉率高，肉质好，生长快，繁殖性能好，适应长江中下游地区夏季高温、冬季湿冷气候。毛色白，头稍轻直，两耳前倾下垂，背腰平直，躯体较长，腹小，腿臀丰满，肢体粗壮、四蹄结实。经产母猪窝产仔数 12 头，平均日增重 600 克左右，胴体瘦肉率 58%，与杜洛克猪杂交效果显著。

培育猪品种的生产性能在地方品种与引进品种之间。在经济杂交中，培育猪品种一般作为杂交母本使用。

二、猪的经济杂交

杂交猪表现在整体功能上是生活力、繁殖力提高，生长速度加快，饲料利用能力增强。开展猪的经济杂交，利用杂种优势，可以增加产肉量，节省饲料，降低成本，提高养猪的经济效益。

(一)经济杂交亲本的选择

猪的经济杂交应根据对杂种的要求选择合适的父本和母本。

1. 父本品种 选择生长速度快、饲料转化率高、胴体品质好的品种或品系作为父本。如大约克夏猪、长白猪、杜洛克猪等,或者是精心选育的专门化品系。

大约克夏猪具有生长快、产仔多、仔猪初生重大、瘦肉率高、适应性好等特点,但部分个体肢蹄不够结实,易发生蹄病,应加强饲养管理。大约克夏猪可在我国绝大多数地区饲养,较适宜集约化养猪场和规模猪场,在纯繁或作为生产商品瘦肉猪的杂交父、母本,用大约克夏猪作父本与地方猪种进行二元或三元杂交,效果均良好。

长白猪具有繁殖力较强、生长快、饲料转化率高、瘦肉率高等优点,但对饲料营养条件要求高,体质较弱,四肢细、抗逆性差、发情不明显,少数个体肉质较差等缺点。在我国绝大多数地区均可饲养,适宜集约化养猪场和规模猪场,在生产商品瘦肉猪的生产中作为父、母本,在三元杂交中可作为第一父本,与地方猪种进行二元或三元杂交效果良好。

杜洛克猪具有体质结实、生活力强、抗病力强、生长快、饲料转化率高、瘦肉率高、胴体品质好、适应性强、饲养条件比其他瘦肉型猪要求低等特点。母猪产仔数少,泌乳性能差、仔猪早期生长相对较慢的缺点。在我国绝大多数地区均可饲养,适宜集约化养猪场和规模猪场,在生产二元或三元商品瘦肉猪的生产中作为终端父本,效果良好。

2. 母本品种 选择繁殖力高、母性好、泌乳能力强的地方猪品种或培育品种作为母本。

(二)经济杂交的方法

在杂交猪生产中,常用的方法是二元杂交、三元杂交。二元杂交也称二品种杂交,获得的杂种是二元杂种,全部作为商品猪。杂交效果可靠,方法简单易行,成本低,容易推广。

三元杂交也叫三品种杂交。方法是首先使用二品种杂交 获得二品种一代杂种,在一代杂种中选留优秀杂种母猪作母本,再用第三品种公猪交配;产生的后代全部用作商品肉猪。三元杂交可充分利用二品种一代杂种繁殖性能的杂种优势。由于繁殖性能主要决定于母本,所以三元杂交时二元杂种主要用作母本。二品种杂交的亲本都是纯种,产仔数不增多,仔代是杂种,杂种优势表现在子代生活力的提高,所以断奶育成数、断奶窝重和断奶后增重率都会提高。三品种杂交时,利用二品种一代杂种作母本,发挥繁殖性能的杂种优势,产仔数、断奶育成数、断奶窝重都会有不同程度的提高。

在商品猪生产中,筛选最优三元杂交猪组合模式倍受青睐。目前我国普遍采用的三元杂交猪组合模式有 2 种:一是以国外瘦肉型猪种杜洛克、长白、大约克夏三品种杂交生产杜长大(杜大长)三元杂交猪组合模式,它具有饲料转化率高、日增重快、瘦肉率高的显著特点,适用于集约化养猪场和生产水平较高的规模化养猪场;二是以地方品种或者培育品种为母本,以国外良种瘦肉猪大约克夏、长白为第一、二父本生产长大本三元杂交猪组合模式,此三元杂交猪适合于广大农户和适度规模养猪场饲养。

(三)经济杂交猪饲养管理的特点

杂交后代,尤其是三元杂交的后代要求较高的营养水平,营养水平低生产性能反而下降。初生仔猪 3 天左右补铁,仔猪 7～10 日龄早补料。经济条件好的饲养场或专业户应推广使用仔猪全价配合料。在生长肥育猪的饲养管理上，要坚持“四改”。一是改饲喂单一料为配合料(混合料)。二是改熟料为生喂。除大豆、生豆饼粕、马铃薯等外都应生喂。三是改稀喂为干喂或湿拌喂。四是改“吊架子”为直线(即所谓“一条龙”)肥育。所谓“吊架子”就是在生长肥育猪的中期，以青粗料为主拖架子到后期加料催肥的方法，这种方式对架子猪生长发育极为不利，因为架子猪在这个阶段肌肉生长最快，“吊架子”造成这时期营养不足，肌肉得不到充分生长，待到后期加料后脂肪沉积过多，结果使肉猪的瘦肉率大大降低。因此，饲养杂交猪应采用直线肥育方式，即从仔猪断奶开始直到肥猪出栏，根据不同的生长阶段，采用不同的饲养标准，全期用配合饲料或混合饲料饲喂，这种方法肥猪增重快，肥育期短，周转快，出栏率高，饲料转化率和屠宰率高，但需精料较多。

三元杂交猪生产中，二元母猪发情征候往往不太明显，要做好发情鉴定工作，观察要仔细，可利用试情公猪每天早、晚 2 次试情。

第六章　猪的繁殖

种猪繁殖性能是影响猪场经济效益的重要因素。种猪的繁殖性能高意味着母猪能够提供更多数量的健康断奶仔猪，每头母猪每年提供断奶仔猪数与母猪年产窝数、窝均产活仔数、哺乳仔猪成活率有关。遗传选育、营养、环境控制、饲养管理是种猪发挥繁殖潜力的必要条件，也是生产中保证猪繁殖性能正常进行的重要手段。

一、猪的生殖生理与繁殖特性

（一）母　猪

母猪生殖器官主要包括卵巢、输卵管、子宫、阴道。卵巢主要功能是卵泡发育和排卵，同时分泌雌激素和孕酮。

猪子宫包括子宫角、子宫体及子宫颈 3 部分。猪的子宫属双角子宫，子宫角形成很多弯曲，长 1～1.5 米，很似小肠。

发情时，子宫借其平滑肌的节律强而有力的收缩作用，运送精子进入输卵管。分娩时，子宫阵缩排出胎儿。子宫内膜的分泌物和渗出物，可为精子获能提供条件，又可供给胚胎营养需要。妊娠时，子宫形成母体胎盘，与胎儿胎盘结合，成为胎儿与母体间交换营养和排泄物的器官。子宫是胎儿发育的场所。

1. 猪的发情排卵规律　母猪性成熟以后，卵巢中有规律性地进行着卵泡成熟和排卵过程，并呈周期性的出现。母猪从初情期到性功能衰退之前，除乏情期外，在没有受胎的情况下，每隔一定时间，母猪表现出发情和排卵周期性，称为发情周期。一个发情周期是指从一次发情开始到下一次发情开始的间隔时间。不同年龄和品种的母猪，其发情周期长短差别不大，一年四季均可发情，温度和光照对其影响很小。猪的发情周期一般为18～23天，平均为21天。每次发情持续期为3～5天，培育品种为2～3天。母猪的发情周期可分为：发情期为2～3天，黄体期为13～14天，卵泡期为3～5天。排卵期多在发情开始后的16～48小时。母猪的排卵数因品种、年龄、胎次、营养水平不同而有所不同，后备母猪要少于成年母猪，并随着发情次数的增加而增加；营养水平高的，其排卵数也多，这就是在配种前10～14天优饲催情的道理所在。母猪的排卵过程是陆续的，从排第一个卵子至排最后一个卵子的间隔时间平均为4～5小时，长的达10～12小时。

2. 配种体重与年龄　后备母猪性成熟的年龄，常随品种、气候和饲养条件不同而有差异。通常性成熟后经过2～3次规律性发情，体重达成年体重的50%～60%配种较合适。我国地方品种一般在3月龄开始发情，培育品种和杂交品种性成熟较晚，一般在5～6月龄开始发情。配种过早会导致产仔数少，且影响母猪自身发育。配种过晚也不好，增加育成期的饲养费用，而且每次发情不配种会造成母猪行动不安、影响采食，影响母猪的发育及性功能活动，会出现发情不明显、配种不易受胎等现象。

实践证明母猪交配时的体重，对产仔成活率和断奶窝重的影响较大。引入品种要求8月龄、体重110～120千克配种，地方品种6月龄左右、体重35～40千克（不同品种有差异）配种，一般处于第三至第四个发情期。就月龄和体重因素这2个影响配种的因素来说，体重要优先，即尽管年龄达到，但体重未达到也不予配种。

（二）公　猪

公猪的生殖器官包括睾丸、附睾、输精管、尿生殖道、副性腺（精囊腺、前列腺和尿道球腺）和阴茎。

公猪一侧或两侧睾丸未下降入阴囊，称为隐睾。隐睾睾丸的分泌功能虽未受到损害，但睾丸温度高，无法制造精子，应予淘汰。高温对睾丸制造精子不利，夏季防暑尤为重要。附睾是精子最后成熟的地方，同时贮存精子，附睾内贮存的精子，2 个月内具有受精能力。精子在附睾内贮存时间长会降低活力，畸形及死精子数会增加。长期不配种或采精的公猪，前一两次采集精液通常会有较多衰弱、死亡精子。如果配种或采精过频，则会出现发育不成熟的精子。副性腺包括精囊腺、前列腺、尿道球腺，射精时，它们的分泌物，加上输精管壶腹的分泌物混合在一起称为精清，与精子共同组成精液。

猪的阴茎较细，在阴囊前形成“S”状弯曲，龟头呈螺旋状，并有一浅沟。阴茎勃起时，此弯曲即伸直。包皮是由皮肤凹陷而发育成的皮肤褶。阴茎头在不勃起时位于包皮腔内，包皮腔较长，有一憩室，内有液体和包皮垢，采精前应该排除包皮积尿，清洁包皮部位。包皮过大的公猪一般不留种。

公猪的射精持续时间为 4～6 分钟，平均持续时间 4～5 分钟。青年公猪在开始射精 2 分钟左右时精液中的精子含量最高，4 分钟后精子的含量减少，长时间的射精是无效的，但为了满足猪的性要求，应允许公猪完成正常的射精，这对于保证猪的繁殖性能有帮助。在自然交配时，使公猪中途停止交配或变为人工授精，将会破坏公猪及母猪的性欲，影响母猪的繁殖性能，并会降低公猪的性欲。如果公猪在完成射精前，从母猪身上掉下来，它还会再次爬跨，一般情况下应允许公猪这么做。

公猪射出的精液其成分是有差异的，开始和最后射出的部分都是胶体，采精时不要收集。开始排出胶体后和最后排出胶体前射出的清亮部分含精子较少，但可以收集，中间射出的乳白色、不透明的部分含精子较多，要全部收集。射精时产生的少量胶体应当用过滤器过滤。通常 1 头公猪要射精 150～250 毫升，其变化范围在 50～500 毫升。干净的精液只有一点腥味，而受包皮污染的精液气味很大。

二、猪的配种方式与配种技术

一般在 1 个发情期内，先后配种 2 次，发情开始后 24～30 小时配第一次，隔 8～12 小时配第二次。使发情母猪的输卵管中经常保持有活力的精子，使卵巢中先后排出的卵子都能有受精的机会。

配种方式包括人工辅助下的自然交配和人工授精。人工辅助自然交配时，把公猪赶入单栏饲养的发情母猪舍内，当公猪爬上母猪背时，把母猪尾巴拉到一侧，以使阴茎顺利插入母猪阴道中，必要时可握住公猪的包皮扶正阴茎对准母猪阴户，使公猪阴茎顺利插入阴道内，当射完精后把公猪赶下来。有经验的配种员，当公、母猪接触时，不要马上让它们交配，而是让公猪爬上去后，又把它轰下来，第二次或第三次爬上去后才让交配，这样可促使公猪性欲旺盛，射精完全，同时也会充分调动起发情母猪的性欲，取得较好的配种效果。相配的公、母猪体格大小要接近，如果公猪个体比母猪小，配种时应当选择有斜坡的地势让公猪站在高处；反之，公猪大于母猪时就让公猪站在斜坡低处，有条件的可借助交配架配种。

采取自然交配的公、母猪比例在常年均衡生产和配种的猪场一般为 1∶15～25。但应根据母猪需要配种的次数，即要有与每周断奶母猪数同样多的公猪。应将人工授精的公猪与自然交配的公猪分开，不可既用作人工授精又用作自然交配。

人工授精的方法在时间上与自然交配是一致的，最好在配种过程中让母猪看到公猪并接触、嗅闻，对提高受胎率和产仔数有利。人工授精方式的猪场公、母猪比例为 1∶40～100，一般为 1∶50，该比例与饲养水平、环境温度、母猪是否全年均衡产仔有关。

三、猪的繁殖力指标和生产中应达到的水平

(一)猪的繁殖力指标

1. 母猪年产窝数 母猪平均年产窝数是指全体生产母猪在1年内平均产仔窝数。其计算公式为：

平均产仔窝数(窝)＝年内分娩总窝数／年内繁殖母猪数

该指标反映母猪的繁殖力和猪繁殖管理水平。对于个体来说，年产窝数＝365/(114＋哺乳期＋断奶－再次妊娠的间隔)。母猪的妊娠期为114天，无法改变，断奶至再次妊娠的间隔一般为7～14天，因此提高年产窝数的主要途径是缩短哺乳期。

2. 平均窝产仔数和产活仔数 窝产仔数包括产活仔数、死胎、木乃伊胎，反应品种、个体的产仔能力。平均窝产仔数是指一定时期内产仔总数与产仔总窝数之比。窝产仔数受品种影响最大，其次受饲养管理、环境、疾病的影响，一般外来品种平均窝产仔数少，而我国地方品种平均窝产仔数多。

产活仔数是指产后存活的仔猪数，包括弱仔在内。

3. 初生个体重 仔猪出生后12小时内的体重。

4. 断奶仔猪成活率 断奶时存活的仔猪数占参与哺乳仔猪数的百分比。其计算公式为：

仔猪成活率＝断奶时成活仔猪数/出生时活仔猪数×100％

该指标可反映母猪哺育仔猪的能力及猪场的饲养管理水平。可以作为考核饲养员工作业绩的主要标准之一。

5. 初生窝重与断奶窝重 是指初生和断奶时全窝仔猪的总重量。与品种、饲养管理水平有关。

6. 情期受胎率 表示妊娠母猪头数占情期数配种母猪的百分比。其计算公式为：

情期受胎率＝妊娠母猪头数/情期配种母猪头数×100％

7. 配种分娩率 正常分娩产仔母猪数占妊娠母猪数的百分比。

(二)目前国内应达到的水平

各繁殖指标影响因素较多，如品种，管理水平等。在目前国内饲养管理条件下应达到的水平列下，供参考。

母猪年产窝数 2.2 窝，情期受胎率 90％，配种分娩率 85％，平均窝产仔数 10～12 头，平均窝产活仔数 10 头，初生个体重 1.3～1.4 千克，仔猪成活率 95％，21 日龄断奶重 6 千克，断奶仔猪成活率 95％。

四、提高猪繁殖力的技术措施

(一)优化种猪群结构，保持群体的旺盛繁殖力

母猪不同胎次产仔数不同，1～3 胎产仔数是上升的，3～6 胎产仔数是最高的，7 胎以后又下降了。要保证猪群较高的产仔水平，3～6 胎母猪在繁殖母猪中的比例很关键，至少要在 50％左右。母猪一般利用年限为 3～4 年，每年淘汰率在 30％左右。因此，要及时做好更新淘汰工作。对于老龄母猪、产仔数下降的母猪以及无乳的母猪要淘汰。对迟迟不发情或发情难以受胎、容易流产以及有肢蹄疾病的母猪应予淘汰，以提高繁殖母猪的整体生产水平。

(二)注重发情鉴定，做到及时配种

1. 母猪发情的外部特征 母猪发情主要表现为行动和阴户的变化，我国地方猪种发情征候比较明显。发情母猪行动不安，常在栏内走动，食欲减退，跳栏、咬栏、鸣叫，爬跨其他母猪；阴户发红

肿胀而有光泽，排尿后阴户扇动，阴道黏膜有充血现象，流黏液；用手按压臀部不动，放出栏外主动寻找公猪，遇到公猪时，鼻对鼻嗅闻或嗅闻公猪会阴部。到发情后期，阴户较紧缩，用手按臀部有回避的反应。

培育品种母猪的发情征候不如地方猪种明显，而且发情持续期很短，须特别注意观察，有的发情母猪只有阴户内黏膜充血鲜红而无其他征候。

母猪发情鉴定常采用外部观察法、压背法、公猪试情等。以公猪试情或压背时，母猪站立不动，表现“静立反射”，则表示该母猪的发情已达到高潮。试情公猪通常以行动缓慢、口水较多的老龄公猪较好。

2. 正确掌握配种时间 要做到适时配种，必须掌握母猪发情排卵规律和适宜的配种时间，配种时间是否适当，是决定受精与产仔多少的关键。研究证明，母猪配种后卵子和精子是在输卵管上段结合的，其精子要经过 2～3 小时的游动才能到达输卵管。精子在母猪生殖道内一般能存活 10～20 小时，据此推算，配种的适宜时间是在母猪排卵前 2～3 小时，即发情开始后 19～30 小时。若配种过早，精子已失去受精能力，即使受精，结合精子的活力不强，也往往中途死亡；配种时间过晚，当精子到达输卵管上端时，卵子已失去受精能力。

在生产实践中，为了能做到适时配种，应根据母猪发情征候结合发情时间确定配种时间。一般情况下，本地母猪在发情开始后第二至第三天配种；培育品种多在发情开始后的第二天（即阴户黏膜由鲜红色转淡红色）配种；杂种猪多在发情后的第二天下午或第三天上午配种。就年龄而言，老母猪排卵时间较早、发情持续时间短，配种时间应适当提前；青年小母猪发情时间较长，排卵时间较迟，一般多在发情后第三天配种；中年母猪配种时间最好选择在发情开始后的第二天。因此，群众有“老配早，小配晚，不老不小配中间，”的经验总结。在生产上只要发情母猪接受公猪爬跨或用手按压母猪腰臀部呆立不动，就可进行第一次配种，再过 8～12 小时后进行第二次配种，通常能获得良好效果。有的猪场根据母猪阴户排出黏液的状况，确定配种时间。黏液呈清水样，是发情正进入高潮，当黏液稠度拉到 0.1 厘米长就断时，配种效果最好。

要做到对母猪适时配种，还应注意积累经验，对每头母猪发情持续时间和每次配种时间，都要进行详细观察和记载，从而找出每头母猪准确配种的规律，按这些规律给母猪配种，便可获得预期效果。

（三）搞好妊娠诊断，减少母猪空怀

母猪配种后，尽早进行妊娠诊断，对于保胎、减少空怀、提高母猪繁殖力是十分必要的。经过妊娠检查，确定已受胎时，就按妊娠母猪对待，加强饲养管理；如确定未受胎时，应及时找出原因，采用适当方法加以补配。妊娠诊断的方法主要有外表观察法、直肠检查法、激素测定法和超声波测定法 4 种。最简单的是外表观察法。

1. 外表观察法　母猪配种后经过 18～23 天未表现发情至 6 周后再观察 1 次，仍无发情表现的就认为已经受胎，其外部表现为疲倦、贪睡不想动，性情温驯，动作稳，食量增加，上膘快，皮毛发亮紧贴身，尾巴下垂很自然，阴户缩成一条线。所以，配种后观察是否重新发情，已成为判断受胎最容易、最常用的方法。其他一些原因，如激素分泌紊乱、子宫疾病等都有可能引起不返情。因此，观察法不够准确。但该方法简单易行，是最常用的妊娠诊断方法。

2. 直肠检查法　一般是指体型较大的经产母猪，通过直肠用手触摸子宫动脉，如果有明显波动则认为妊娠，一般妊娠后 30 天可以检出。但由于该方法只适用于体型较大的母猪，有一定的局限性，使用不多。

3. 激素测定法　测定母猪血浆中孕酮或胎膜中硫酸雌酮的

浓度来判断母猪是否妊娠，一般血样可在配种后 19～23 天采集测定，如果测定的值较低则说明没有妊娠，如果测定的值较高，则说明已经妊娠。激素的测定可以采用放射免疫法或酶联免疫法，准确性较高，但较烦琐，费用也较高，一般多用于进行科学研究。

4. 超声波测定法 采用超声波妊娠诊断仪对母猪腹部进行扫描，观察 胚胞液或心动的变化，这种方法 28 天时有较高的检出率，可直接观察到胎儿的心动。因此，不仅可确定妊娠，而且还可以确定胎儿的数目，晚期还可以判定胎儿的性别，无伤无痛，可重复使用，缺点是一次性投资较高。

(四)科学选择、调教种公猪

1. 公猪的选择 种公猪必须具备本品种的体型和外貌特征。四肢强健，尤其后肢要有力；姿态端正，大腿丰满；腹部略上收而不下垂，肚腹平直；种猪场公猪乳头要求 7 对以上，且没有瞎乳头，但商品猪场对乳头不作要求；无单睾和隐睾等遗传缺陷。有测定成绩的要根据测定单项性状和综合选择指数进行选种，其同胞发育好、大小均匀、体质体貌变异小者为佳。公猪要有明显的雄性特征，性欲强，体格健壮，繁殖系统器官健全，公猪的睾丸要求对称、整齐、发育良好，睾丸大而明显，摸时感到结实而不坚硬。阴茎呈紫红色，阴茎包皮正常，没有积尿。精液品质良好。

引进公猪必须来自非疫区的健康猪群，必要时应进行血清学检查。不要从有猪瘟、细小病毒、伪狂犬、口蹄疫等病的疫区引进公猪。引种公猪体重以 60～80 千克为宜，至少要在计划配种前 2 个月左右购进，以便有足够的时间适应新环境，并进行隔离观察、免疫和驱虫。

公猪一般在 6 月龄左右时达到性成熟，性成熟后的青年公猪表现出很强的性欲，但射精不稳定，几周以后精子的排出量会稳定，但此时还不适宜作种用，必须达到体成熟以后才能正式用于配种。配种过早易引起公猪未老先衰，降低使用年限。

瘦肉型良种公猪一般要8月龄以上才能达到体成熟，体重达到110千克时可以参加配种。配种前要检查2次精液，精液活力在0.8以上，密度中等以上，才能投入使用。对性欲不强、精液品质差的公猪要淘汰。瘦肉型品种的公猪达到10～12月龄，体重160千克左右配种最为理想，若12月龄体重达不到160千克的种公猪一般情况下应予淘汰。

2. 公猪的调教 在投入使用前1个月左右开始调教。自然交配青年公猪在开始使用前，应用发情良好的母猪进行调教，让其学会爬跨和交配。在公、母猪交配的过程中应有熟练的工人在旁协助，人工辅助将公猪的阴茎送入母猪阴道，对部分配种公猪可用膝部顶住公猪臀部，防止公猪滑落。对地面较滑的，要垫放麻袋等防滑物于地面。配种完成后及时将公、母猪隔离，尤其是在群养母猪栏内配种，要防止偷配情况的发生。对公猪态度要和蔼，严禁恫吓，在配种射精过程中不得给予任何劣性刺激。

调教新公猪需要时间和耐心，当成年公猪交配时可以让其在交配栏旁观察学习，如果母猪较小可在配种后将后备公猪赶入栏内调教。让公猪与后备母猪交配1～2次有助于调教采精。调教前要先花时间管理公猪，并有规律地与其进行交流和接触，使之与人相互熟悉。多数后备公猪都有交配的本能欲望，但是缺乏经验，可允许其与老母猪间有鼻对鼻的接触，一般在2～3次接触后，青年公猪就会乐意靠近并爬跨假台猪。首先应在假台猪上覆盖麻袋等，使其像母猪，并在其上保留以前公猪留下的气味或在其上涂抹发情母猪的尿液。当成年公猪采精时可以让其在采精栏旁观察学习，并在采精后将后备公猪赶入采精栏内调教。公猪的气味会刺激其爬跨台猪的兴趣。初期调教时，每天2次，每次15～20分钟，直到公猪爬跨台猪。一旦公猪爬跨台猪，则可进行采精，按计划进行调教并重复进行。每次训练时，用语言形成爬跨的条件反射。第一次采精后应在第二天重复采精，隔 3～5 天再进行第三次采精，以帮助其建立良好的条件反射。在调教的 1 个月内每周应采精 1 次，然后再进入正常的采精使用阶段。如果训练时在 20 分钟内公猪仍不爬跨假台猪，应将后备公猪赶回栏内，然后再每天调教，直到其能爬跨台猪。

首次采精时青年公猪可能会在假台猪上爬上爬下，这时可在其走动时，对其包皮进行按摩，并鼓励公猪再次爬跨。一旦公猪爬到台猪上，开始其插入动作时，要挤出包皮中的积尿，并用卫生纸擦干净包皮及周围。有的公猪伸出阴茎较慢，需要按摩包皮以帮助阴茎伸出。用戴手套的手握住阴茎，在紧紧抓住阴茎前，应让其在手中伸缩几次，以便找到锁定位置，锁定以后，公猪一般会安静下来并开始射精。由于有时公猪不会安静地趴在台猪上射精，尤其是青年公猪难以把握，所以首次采精最好徒手进行。

采精时要耐心，一次采精可能要花费 5～20 分钟的时间。公猪射精完成后不要急于放松阴茎，当采集到含精液较多的部分后就放松阴茎是不合适的。不要催促采精过程，否则会使公猪受挫而变得危险起来。公猪首次采精时要确保其不受任何伤害。

用于交配的猪栏可以是正方形的，但最好是长方形的。当给予公猪强的性刺激时，公猪在短时间内能够进行多次交配，但使用频率长期过高，会影响精液品质，缩短使用寿命。青年公猪的使用频率为每周 2～4 次，最好隔天 1 次。成年公猪每天 1 次，每周休息 1～2 天，当使用频率较高时，应给公猪补充优质蛋白质，如在每次配种后投喂 2 个鸡蛋。

（五）应用人工授精技术

1. 人工授精的优点

（1）减少公猪饲养量　采用自然交配，每头公猪全年只能负担 15～25 头母猪的配种任务，人工授精每头公猪至少可负担 50 头母猪的配种任务，公猪数量减少，可提高经济效益。

(2)扩大优秀种公猪个体的利用率　自然交配时，如公、母猪大小悬殊太大，配种往往不成功，公、母猪异地饲养，自然交配也不易进行，而采用人工授精技术，上述问题都可以解决。猪精液可保存3～4天，只要掌握在这个期间给母猪输精，均可受胎。由于实行人工授精，可以挑选优秀的公猪用来配种，提高后代的生产性能。越是优秀的种公猪越要采用人工授精。

(3)有利于防疫　推广猪的人工授精，避免因自然交配而传染各种疫病，还能够减少繁殖疾病传播的机会。

2. 公猪精液品质检查　公猪精液品质的优劣直接影响受胎率和产仔数。而公猪精液品质并不是恒定的，常因品种、个体、饲养管理条件、健康状况和采精次数等因素而发生变化，保存的精液质量变化更大。因此，采用人工授精时必须对所用精液的品质进行检查，方能确定是否可用作输精。

精液的品质从外观上呈乳白色，略带腥味，红色、黄色、绿色或有腥臭味都不能用。

3. 输精方法

(1)输精前准备工作　消毒好输精胶管，用水煮沸15分钟，拿出甩尽胶管内壁的水珠，并用生理盐水冲洗1～2次(也可用一次性输精管)；将精液升温检查活力是否达标；将精液袋套上输精管一端至1厘米长，用细线绳扎紧(若天冷则用热手巾包住胶管，以免管壁过冷，精子受刺激，影响活力)；用0.1%高锰酸钾液清洗消毒母猪阴户并用布抹干。

(2)输精操作　将装有精液的输精管另一端涂上液状石蜡，对准母猪阴户口向上插入5厘米深再平行插入，以避开尿道口，以旋动式缓慢插入至子宫颈内(大母猪插入30～40厘米，小母猪插入20厘米左右)，此时不要急于输精，轻缓地将在阴道内的输精管旋转和来回1～2分钟，使母猪增加快感再缓缓地将精液输入。为防止精液倒流，输精时用拿输精管的右手中指托住在阴道外面的输精管，往尾根方向顶压并轻微摇动。输精结束后，缓慢地将输精管旋出，并快速拍打母猪臀部，促使全身肌肉收缩，子宫口也随之收缩，可起到防止精液倒流的作用。

我国地方猪种的输精量为10～20毫升，精子数20亿～30亿个；杂种猪和引入猪种的输精量可增加1倍左右。每头母猪输精2次，以保证较高的受胎率和产仔数，精子活力在0.5级以上。

(六)加强母猪的饲养管理

加强母猪的饲养管理的目的是促进母猪发情、排卵，提高母猪受胎率。

1. 控制膘情 母猪过肥往往不能正常发情，导致排卵少而不规则，不易受胎，即使受胎，产仔也少、或产弱仔。母猪过肥对繁殖性能所造成的影响较难恢复，即肥比瘦危害大。当然，如果母猪膘情太差，过于瘦弱也是不行的，同样会难以正常发情、受胎。过瘦的母猪又常因机体抵抗力的降低而易发病，甚至过早被淘汰。

参与配种的母猪，通常有3种类型：后备母猪，刚断奶母猪，流产、死产、并窝的母猪。它们通常各有不同的生理状况，应分别采取措施，使之达到理想的繁殖膘情。

刚断奶的母猪，只要有六成膘，大多数可在断奶后3～5天发情。如果哺乳期太长或饲养管理太差，使母猪断奶时过于瘦弱，往往不能按时发情配种，不仅对全年产量有影响，而且使母猪的利用年限缩短了许多。建议断奶后过于瘦弱的猪(尤其是外来品种)即使发情也最好停配1次，等膘情恢复后，下一次发情时再配种。控制断奶母猪的膘情应从加强母猪哺乳期饲养管理着手，带仔多、泌乳力高的母猪和产前膘情较差的母猪应增加喂料量，相反应控制喂料量。提倡早期断奶。

流产、死产、并窝的母猪，由于在妊娠期贮备的营养未被泌乳消耗，多数膘情好，应限制饲料喂量，防止过肥。日粮的组成上，减少精料，增加青粗饲料，并同时增加运动量。

后备母猪避免饲养过肥，前期自由采食，后期应根据膘情调整喂量，体重 90 千克以上的后备母猪要控制饲喂量。

2. 增加维生素供给　日粮中缺乏维生素，常会导致母猪发情失常，排卵数减少，不孕或胚胎夭亡、死产、流产等情况发生。

青绿多汁饲料含有繁殖母猪所需的多种维生素，在猪的日粮中，一般每头每天应喂 5～10 千克青饲料，或 4～5 千克多汁饲料，搭配适量精料。精、青饲料比为 1∶4 喂 3～4 餐可获得较理想的饲料转化率。

集约化规模猪场，也要尽可能创造造条件，利用猪场以及周边土地种植一些青饲料作物。也可在饲料中按超量添加维生素，尤其在夏季高温季节。

3. 短期优饲　即在母猪配种前 7～14 天增加日喂精料量，使消瘦的母猪尽快达到配种体况和正常发情排卵。据猪场统计分析，对配种前较瘦的母猪、后备猪采用短期优饲，明显促进发情配种受胎。短期优饲时间为经产母猪在配种前 11～14 天，后备母猪在配种前 7～10 天。短期优饲方法为定时充分饲喂，根据膘情日喂精料 2.5～3 千克。短期优饲只提高日粮总能量，蛋白质水平不提高。膘情好的母猪不优饲。

4. 催情排卵

(1)异性诱导　试情公猪追赶不发情的母猪，或每天把公猪关在母猪栏内 2～3 小时，由于公、母猪接触，通过公猪爬跨等刺激，使母猪脑下垂体产生促滤泡激素，促使发情排卵。

(2)仔猪早期断奶法　在一个适当时间提前断奶，母猪可以提早发情配种。大多数母猪在早期断奶后 3～6 天发情，对产仔少的母猪可将仔猪寄养而早期断奶，实现早发情、早配种。

(3)断奶母猪采用小群饲养　在一定程度上可以刺激母猪发

情，一般每圈4～5头，每头占地面积3个平方米为宜。

(4)科学选用药物催情　孕马血清中含有促性腺激素，能促进滤泡成熟和排卵，使用时，进行皮下注射，每次注射5毫升，一般注射后4～5天就可发情。使用绒毛膜促性腺激素，对母猪催情和促其排卵较为显著，体重75～100千克的母猪肌内注射100单位。

配种后第一、第二个情期应仔细进行观察，看是否有返情现象发生。如果出现返情，应再次配种。对屡配不受胎的猪，应查明原因进行调理。对胎次高没有饲养价值的母猪应予淘汰。

(七)预防繁殖疾病

猪瘟、细小病毒病、蓝耳病、伪狂犬病、乙型脑炎等疾病对繁殖性能影响很大，要加强防控。有繁殖疾病的猪要在治好以后才能参加配种。种猪群每年要定期进行检疫，制定和调整免疫计划，对于健康状况不合格猪要及时进行淘汰。

(八)做好记录

每头母猪的生产性能要做详细、正确的记录。通过对记录的统计分析，可以全面了解猪群的繁殖性能，也便于发现问题，分析原因，提出针对性的措施。

第七章　猪的营养与饲料

营养、饲料是实现猪高效养殖的物质基础。科学合理的营养是发挥猪只遗传潜能的保证,也是提高猪只健康水平、增强免疫力的必要条件。本章主要介绍猪所需要的六大营养物质及其作用、养猪生产的常用饲料、饲料添加剂以及猪的配合饲料的生产。

一、猪所需的营养物质

为了维持猪的生命与健康,保证其正常的生长发育,并能用同样的饲料生产更多的猪肉,必须合理地为猪提供各种营养物质,如碳水化合物、蛋白质、脂肪、维生素、矿物质和水,以满足猪维持生命、生长发育、繁殖和各种生理活动的需要。

(一)水

水占猪体重的55%~65%,乳猪含水量高达80%。水是猪必不可少的养分,为维持生命、生产所必需。机体对水的需要比对其他营养物质的需要更重要。

水具有多重功能,它是体液的组成成分,是营养物质的溶剂和传输媒介。此外,水在体温调节、维持体液的离子平衡、排泄废物、润滑关节等方面起着重要作用。新陈代谢过程中产生的废物需要通过水来排泄,如果不能及时把废物运送出去,就会造成毒素积累;缺水造成采食量低,泌乳量减少。水也是一种矿物质源,可从中获得部分钠、钙、镁等矿物质营养。生产中,有些营养(如维生素、电解质)和药物可以通过饮水的方式给予。

猪所需的水来自饮水、饲料水及体内代谢水,饮水是最重要的来源。饮水量与体重、采食量、季节(温度)等因素密切相关。一般饮水量为饲料采食量的3倍。在炎热夏季,猪需要大量的水用来蒸发散热,需水量更大。

(二)能　量

猪维持生命、生长发育、繁殖和进行各种生理活动都需要能量。猪所需要的能量来自于饲料中的碳水化合物、脂肪和蛋白质。猪把这3种营养物质在体内“燃烧”(生物氧化过程),释放出热能用来维持生命和进行生产。

猪的能量来源主要是靠碳水化合物。当热能原料过剩时,猪能把它转变成脂肪贮存体内;相反,如热能原料供应不足时,猪体内贮备的脂肪甚至蛋白质也可被动用来作为热能供应。

脂肪对猪有着重要的营养作用,是碳水化合物之外的重要能量来源;此外脂肪是构成猪体组织的重要成分,能够促进脂溶性维生素的吸收。

(三)蛋白质

蛋白质不仅是猪体组织、器官、肌肉、皮毛、血液的主要组成成分,而且在维持生命过程中,它还以激素和酶的形式广泛地参与机体的各种生理功能和代谢过程。猪对物质的消化、吸收、转运过程是由各种酶、载体完成的,缺乏这些特殊蛋白质,会引起猪生理功能的紊乱,甚至死亡。蛋白质也是猪体组织更新所需的原料,无论处于生长还是维持状态,体组织蛋白都在不断地进行着合成和降解,在这一过程中不可避免地有一部分氨基酸损失,因此需要从外界摄入蛋白质以进行补充,当摄入蛋白质超过维持需要时,则作为合成各种动物产品的原料。动物没有贮存蛋白质原料的功能,过量摄入的蛋白质可转化成糖原或体脂作为能量贮备。由于蛋白质的营养作用不能由脂类、碳水化合物或其他营养物质代替,猪要维持正常的生命、生长发育和繁殖就必须从饲料中获取一定数量的蛋白质，以满足机体各个组织、器官合成蛋白质的需要。

氨基酸是组成蛋白质的基本单位。氨基酸可分必需氨基酸和非必需氨基酸两大类。所谓必需氨基酸是指猪体内不能合成或合成量不够，必须从饲料中获取的氨基酸，猪的必需氨基酸包括赖氨酸、蛋氨酸、色氨酸、精氨酸、组氨酸、苏氨酸、缬氨酸、亮氨酸、异亮氨酸、苯丙氨酸，共 10 种。非必需氨基酸并不是说动物不需要，而是动物可以在体内合成。饲料中必需和非必需氨基酸的比例要合理，一般为 1∶1。不仅必需氨基酸的的总量要满足猪的需要，必需氨基酸中各氨基酸之间还需保持平衡，不然利用效率受影响。必需氨基酸中的赖氨酸、蛋氨酸、色氨酸、苏氨酸在以玉米和豆粕为主要原料的饲料中容易缺乏，被称为限制性氨基酸（日粮中容易缺乏的必需氨基酸），通常赖氨酸最容易缺乏，其次是蛋氨酸（胱氨酸）。因此，猪的饲料来源要避免单一，从而使氨基酸间出现互补。

（四）矿物质

矿物质是构成猪体组织的重要成分。根据矿物质在动物体内的含量可分常量元素（占 0.01%以上）和微量元素（占 0.01%以下）。常量元素包括钙、磷、硫、钾、钠、氯和镁，微量元素包括铁、锌、铜、碘、锰、钴、硒和铬等。矿物质元素广泛地参与着动物体内多种代谢活动，是多种酶的激活剂或组成成分。对于维持正常的组织细胞的渗透性和组织兴奋性以及机体内的酸碱平衡具有重要作用。缺乏时，可引起特异的生理功能障碍和组织结构异常。

1. 钙和磷　猪体中，含量最大的矿物质就是钙和磷。钙以骨骼中含量最大，约占 99%。钙的功能包括：构成骨胳和牙齿，维持神经和肌肉的正常设立活动，促进凝血，维持体液酸碱平衡，促进体内某些酶的活性。磷也以骨骼中含量最高，约占全身含磷量的 85%，重要功能包括构成骨骼，调节酸碱平衡等。

磷的来源广泛，一般都能满足需要，不过饲料中的植酸磷利用率较低，一般为30%，要引起注意。猪最容易缺钙，长期喂给低钙高磷的禾本料谷类及其副产品，如玉米、小麦、米糠等，猪易发生缺钙现象，母猪在妊娠后期和泌乳高峰期间，也极易发生缺钙现象。

日粮中缺钙、磷或维生素D时，可导致猪异嗜、生长不良，食欲下降，饲料转化率降低，种猪出现繁殖功能障碍。钙磷缺乏时使小猪发生佝偻病，成年猪发生骨软症的代谢病。临床上以消化功能紊乱、异食癖、骨骼弯曲为主要特征。佝偻病仔猪常常四肢瘫痪，生长缓慢。

2. 铁　铁主要参与造血。哺乳仔猪最容易缺乏，仔猪生长速度快，制造血红蛋白需要大量的铁，每天需要7～10毫克。而母乳中含铁量每天只有1毫克左右，仔猪体内的贮备也只有几十毫克。所以，极容易缺铁，造成贫血，生长缓慢、抵抗力下降，易感染疾病。一般在仔猪出生3天左右就要补充铁。

3. 锌　锌是猪体内许多酶的组成部分，缺锌会导致皮肤角化不全，食欲不振、生长慢，皮肤发炎。母猪则屡配不孕、流产、胎儿畸型。公猪精液品质变差。锌缺乏症一般少见，但由于钙对锌存在拮抗作用，饲粮中钙含量过高、水泥地面圈舍饲养（限制了猪运用拱土的办法摄取包括锌在内的微量元素）、缺乏青绿饲料供给（青绿饲料含锌较多）的猪群也可能缺锌。在生产中硫酸锌等盐是主要的添加形式。

4. 硒　硒缺乏主要是由于饲料中硒和维生素E不足。我国大部分地区属于缺硒地区，低硒土壤中生长的植物含硒也低，用这些植物作饲料可造成猪缺硒。硒缺乏症多发生于仔猪，主要特征是骨骼肌、心肌、肝脏变性和坏死。预防本病的方法主要是提高饲料含硒，硒在饲料中的含量一般为0.15～0.3毫克/千克。硒过量容易造成中毒，添加时须搅拌均匀。

(五)维生素

维生素是维持猪的正常生理功能和生命活动所必需的微量营养成分。它们主要以辅酶和催化剂的形式广泛参与体内代谢的各种化学反应,从而保证机体组织器官的细胞结构和功能的正常。猪对维生素的需要量甚微,在饲料中通常以毫克或微克为单位,但其作用非其他营养物质所能替代。维生素供应不足,会产生严重的缺乏症,出现代谢紊乱、免疫力下降、生产性能降低,甚至导致死亡。

维生素可分为脂溶性维生素和水溶性维生素两大类。脂溶性维生素包括维生素 A、维生素 D、维生素 E、维生素 K,水溶性维生素包括 B 族维生素和维生素 C。

猪体内的维生素主要来源于饲料、饮水、大肠消化道微生物合成(B 族维生素和维生素 K)以及猪本身的器官和组织合成(皮肤中脱氢胆固醇经紫外线照射后可转化为维生素 D_3,体内合成维生素 C)。

饲养标准所列的维生素需要量是最低需要量,是较理想环境条件下避免出现缺乏症的量。在生产实践中,供给量最好略高于饲养标准,以改善健康状况,提高猪的生产性能。通常,以添加剂的形式按照猪各阶段的营养需要补充维生素,饲料中含有的维生素仅作为保险,不予考虑。

1. 维生素 A 维生素 A 的主要作用是维持上皮细胞的生长,保持消化道、呼吸道和生殖系统的健康。维生素 A 不足,可引起黏膜萎缩、变性,导致上皮组织细胞发生鳞状角质化,引起腹泻。生殖系统上皮受影响最为严重,出现产后发情延迟、性欲减退或乏情。维生素 A 参与类固醇合成,当维生素 A 缺乏时,胎盘类固醇合成减少,导致妊娠母猪流产、产弱仔猪或畸形仔猪(如瞎眼、副耳等)。公猪表现睾丸缩小,功能退化,精液品质下降。

维生素 A 也不能过量，过量会导致猪脱毛、被毛粗糙，鳞状皮肤，血尿、血粪、生长不良。

2. 维生素 D　维生素 D 属于类固醇类衍生物，对猪有营养作用的主要有维生素 D_2（麦角钙化醇）和维生素 D_3（胆钙化醇）。维生素 D 的主要功能是调节钙、磷的代谢，增加小肠对钙、磷的吸收，维持血液的钙、磷平衡，调节肾脏对钙、磷的排泄，控制骨髓中钙、磷的贮存，改善骨中贮备钙、磷的活动状况。维生素 D 不足，影响钙、磷的吸收和代谢，引起仔猪佝偻病，成年猪发生骨骼疏松症和骨软症。一般通过在饲料中加入维生素 D 满足猪的需要。另外，猪晒太阳，自身也能合成维生素 D。

3. 维生素 E　维生素 E 是具有生物活性的化学结构相似的酚类化合物，主要存在于植物性饲料中，维生素 E 主要贮存在肝脏中，分布于全身的组织、器官。有抗氧化作用，调节机体和组织内碳水化合物、蛋白质和类脂的代谢，调节内分泌腺功能，还具有参与胚胎发育、促进性腺的发育成熟、促进受胎、防止流产的功能。维生素 E 可与硒协同，共同完成保护细胞膜的任务。

维生素 E 缺乏影响繁殖性能。维生素 E 轻度不足可使母猪产出死胎、弱胎，严重不足时，会导致胚胎死亡、被吸收、隐性流产。仔猪缺维生素 E 会使采食量下降、生长慢，发生白肌病，生长猪缺乏维生素 E 会出现肌肉营养不良。

维生素 E 广泛分布于植物性饲料中。玉米、大豆、麸皮、米糠中含量较高。在生产中为了提高生产性能、提高猪的免疫功能，一般在配合饲料中人工添加维生素 E。

4. B 族维生素　包括维生素 B_1、维生素 B_2、维生素 B_3、烟酸、维生素 B_6、生物素、叶酸、维生素 B_{12}。B 族维生素主要功能是作为猪体内蛋白质、碳水化合物、脂肪代谢反应中不可缺少的辅酶。在配制猪日粮时，饲料要多样，避免饲料过于单一，注意充分供应富含维生素 B 的糠麸及青绿饲料。必要时，通过饲料添加剂予以补充。

(1)**维生素 B_1** 在各类谷物与副产品(糠麸类)、饼粕类、青绿饲料、优质干草含量丰富,猪大肠微生物可以合成一部分,但吸收利用率不高。

(2)**维生素 B_2** 在豆科青绿饲料、糠麸、油饼类饲料中含量较高。猪比较容易缺乏,主要表现为食欲不振,皮炎,脱毛,生长慢,在饲料中要注意补充。

(3)**维生素 B_3** 又称泛酸,为辅酶 A 的组成部分。辅酶 A 是酰化酶类的辅基,参与糖、脂类、氨基酸代谢。豆类、酵母、青绿饲料中含量较高。维生素 B_3 缺乏时,病猪生长缓慢,出现食欲不振,腹泻,脱毛,皮炎,贫血等症状。仔猪缺乏会出现运动失调,很快死亡。通常需要在饲料中添加,特别是仔猪。

(4)**烟酸** 缺乏时,猪皮毛粗糙、出现癞皮病、皮炎,食欲不振,呕吐,腹泻。玉米中的烟酸以不易吸收的结合状态存在,以玉米为主的饲粮,往往会有程度不等的缺乏。青绿饲料、酵母、鱼粉、麸皮、米糠中含量比较高。

(6)**维生素 B_6** 在体内参与氨基酸,碳水化合物、脂肪的代谢,参与色氨酸将烟酸转化为5-羟色胺的反应。猪缺乏维生素 B_6 时,被毛杂乱,出现皮炎、贫血等症状。猪日粮中蛋白质、能量水平较高时,对维生素 B_6 需要量也会增加。通常仔猪日粮中维生素 B_6 的需要量为1～1.5毫克/千克,生长肥育猪为1毫克/千克。

(6)**生物素** 又称维生素 H。缺乏时,猪生长速度慢、表现为厌食、被毛粗糙、脱毛、皮肤干燥结痂和开裂。通常日粮中维生素 H 的添加量为0.05～0.2毫克/千克。

5. 维生素 C 又称抗坏血酸。虽然猪本身可合成维生素 C,但在应激情况下,添加维生素 C 有良好的效果,能够缓解各种应激,提高生产性能。营养标准对猪的维生素 C 需要量未作规定,生产实际中通常拌料或饮水添加。

二、猪的饲料种类及其营养特点

(一)能量饲料

能量饲料指的是在绝干物质中,粗纤维含量低于18%,粗蛋白质含量低于20%,天然含水量小于45%的谷实类、糠麸类等。常用的是谷实类及糠麸类饲料,一般每千克饲料绝干物质中含消化能在10兆焦以上,高于12.5兆焦消化能者属于高能量饲料。这类饲料富含淀粉、糖类和纤维素,是猪饲料的主要组成部分,用量通常占日粮的60%左右。豆类与油料作物籽实及其加工副产品也具有能量饲料的特性,由于它们具有富含蛋白质的重要特性,故列为蛋白质饲料。

能量饲料在营养上的基本特点是淀粉含量丰富,粗纤维含量少(一般在5%左右),易消化,能值高。蛋白质含量在10%左右,其中赖氨酸和蛋氨酸较少,矿物质中磷多钙缺,维生素中缺乏胡萝卜素。猪常用的能量饲料主要有以下几种。

1. 谷实类及其加工副产品 谷实类饲料大多是禾本科植物的成熟种子。突出的特点是淀粉含量高,粗纤维含量低,可利用能量高。缺点是蛋白质含量低,氨基酸组成上缺乏赖氨酸和蛋氨酸,缺钙及维生素A、维生素D,磷含量较多但利用率低。

(1)玉米 玉米是谷实类饲料的主体,是猪最主要的能量饲料,含淀粉多,消化率高,每千克干物质含代谢能13.39～14.23兆焦,,属于高能量饲料,粗纤维含量很少,适口性好,易于消化,且脂肪含量可达3.5%～4.5%,所以玉米的可利用能高,如果以玉米的能值作为100,其他谷实类饲料均低于玉米。玉米含有较高的亚油酸,可达2%,占玉米脂肪含量的近60%,玉米中亚油酸含量是谷实类饲料中最高的。玉米蛋白质含量低,氨基酸组成不平衡,特别是赖氨酸、蛋氨酸及色氨酸含量低。维生素 A 的含量较高，维生素 E 含量也不少，而维生素 D、维生素 K 几乎不含有。水溶性维生素除维生素 B_1 均较少。此外，玉米还含有 β-胡萝卜素、叶黄素等，尤其黄玉米含有较多的叶黄素，这些色素对皮肤、爪、喙着色有显著作用，优于苜蓿粉和蚕砂类胡萝卜素。玉米营养成分的含量受品种、产地、成熟度、含水量的影响而变化。玉米水分含量过高，易霉变而感染黄曲霉菌。黄曲霉素是一种强毒物质，是玉米品质检验的必检项目。霉变的玉米不能用来喂猪，特别是种猪。玉米经粉碎后，易吸水、结块、霉变，不便保存。因此，玉米要整粒保存，且贮存时水分应降低至 13%以下。

(2)小麦　能量含量比玉米略低，比大麦高，一般每千克中含有消化能 12.56～13.81 兆焦。小麦粗蛋白质含量高于玉米，为 11%～16.2%，是谷实类中蛋白质含量较高者，但必需氨基酸含量较低，尤其是赖氨酸。小麦的粗脂肪含量低于玉米，约 2%。小麦的粗纤维含量和玉米接近，为 2.5%～3%。小麦的矿物质主要存在于皮部，和玉米一样钙少磷多，且磷主要是植酸磷。小麦含 B 族维生素和维生素 E 多，而维生素 A、维生素 D 和维生素 C 极少。小麦适口性好，消化率高，在小麦主产区，当玉米价格比小麦价格高时，可用小麦可作为玉米的替代品，一般可占日粮的 30%左右。但是由于小麦中 β-葡聚糖和戊聚糖比玉米高，日粮中要添加相应的酶制剂来改善猪的增重和饲料转化率。

小麦的加工副产品小麦麸，习惯上称为麸皮，在养猪生产中应用广泛。麦麸粗纤维含量较高，一般为 8.5%～12%，因此麸皮的能量较低，对于猪来说，每千克麸皮中含有的消化能为10.88～11.72 兆焦。麸皮中的粗蛋白质含量较高，一般可达11%～15%，高的可达 17%，蛋白质的品质较好，含赖氨酸为 0.5%～0.7%。麸皮中粗脂肪含量 3.9%左右，粗纤维 8.9%左右，粗灰分 4.9%左右，钙为 0.1%左右，磷为 0.92%左右，其中植酸磷占 0.68%。

麸皮含有较多的B族维生素，也含有维生素E。由于麦麸能值低，粗纤维含量高，容积大，不宜用量过多，一般可占日粮的10%左右。另外，麦麸具有缓泄、通便的功能，可用于调节日粮能量浓度，起到限饲作用。

(3)大麦　大麦是一种重要的能量饲料。粗蛋白质含量比较多，约12%，氨基酸组成中赖氨酸、色氨酸、异亮氨酸等的含量高于玉米，特别是赖氨酸，有的品种可达0.6%，比玉米高1倍多，是能量饲料中蛋白质品质最好的。粗脂肪含量少于2%，不及玉米含量的1/2，其中一半以上是亚油酸。钙、磷含量比玉米高，胡萝卜素和维生素D不足，硫胺素多，核黄素少，烟酸含量丰富。大麦中β-葡聚糖和戊聚糖的含量较高，饲料中应添加相应的酶制剂。大麦中含有单宁，会影响日粮适口性。大麦对猪的饲喂价值明显不如玉米，猪日粮中用量一般为20%以下。

(4)稻谷　粗纤维含量较高，可达10%左右，能量低于玉米和小麦，其消化能对猪来说为每千克10.88～12.97兆焦。但是，去掉外面粗硬的外壳后，其糙米部分的粗纤维含量可降到1%左右，每千克糙米的消化能含量可达到14.64～16.74兆焦，与玉米相似，属于高能量饲料。

稻谷的加工副产品为稻糠，在猪的饲料中也有较为广泛的应用。稻糠可分为砻糠、米糠和统糠。砻糠是粉碎的稻壳，米糠是糙米(去壳的谷粒)精制成的大米的果皮、种皮、外胚乳和糊粉层等的混合物，统糠是米糠与砻糠不同比例的混合物。一般100千克稻谷可出大米72千克，砻糠22千克，米糠6千克。米糠的品种和成分因大米精制的程度而不同，精制的程度越高，则胚乳中物质进入米糠越多，米糠的饲用价值越高。米糠含脂肪高，最高达22.4%，且大多属不饱和脂肪酸，油中还含有维生素E 2%～5%。米糠的粗纤维含量不高，所以有效能值较高。米糠含钙偏低，微量元素中铁和锰含量丰富，而铜偏低。米糠富含B族维生素，而缺少维生素A、维生素D和维生素C。米糠是能值较高的糠麸类饲料，适口性好。但由于米糠含脂较高，天热时易酸败变质，经榨油制成米糠饼再作饲用。

2. 块根、块茎及瓜果类饲料　包括胡萝卜、甘薯、木薯、饲用甜菜、芜菁甘蓝、马铃薯、菊芋块茎、南瓜及蕃瓜等。最大的特点是水分含量很高，达75%～90%，相对的干物质含量很少，单位重量鲜饲料中所含的营养成分低。就干物质而言，它们的粗纤维含量较低，无氮浸出物含量高达67.5%～88.1%，而且大多数是易消化的糖分、淀粉或五聚糖，故它们含有的消化能较高，每千克干物质含有13.81～15.82兆焦的消化能，具有能量饲料的一般特点。

(1)**甘薯**　是我国种植最广、产量最大的薯类作物，甘薯块多汁，富含淀粉，是很好的能量饲料。用甘薯喂猪，在其肥育期，有促进消化、蓄积体脂的效果。鲜甘薯含水量约70%，粗蛋白质含量低丁玉米。鲜喂时(生的、熟的或青贮)，其饲用价值接近于鲜玉米，甘薯干与豆饼或酵母混合作基础饲料时，其饲用价值相当于玉米的87%。甘薯忌冻，贮存在13℃左右的环境下比较安全，当温度高于18℃、相对湿度为80%会发芽。黑斑甘薯味苦，含有毒性酮，应禁用。为便于贮存和饲喂，甘薯块常切成片，晾晒制成甘薯干备用。

(2)**马铃薯**　马铃薯块茎可直接喂猪，茎叶可作青贮料。块茎干物质中80%左右是淀粉，它的消化率对各种动物都比较高。在马铃薯植株中含有一种配糖体，叫做茄素(龙葵素)，是有毒物质，但只有在块茎贮藏期间经日光照射马铃薯变成绿色以后，茄素含量增加时，才可能发生中毒现象。

(3)**胡萝卜**　胡萝卜可列入能量饲料内，但由于它的鲜样中水分含量多、容积大，因此在生产实践中并不依赖它来供给能量。它的重要作用主要是在冬季作为多汁饲料和供给胡萝卜素。由于胡萝卜中含有一定量的蔗糖以及它的多汁性，在冬季青饲料缺乏，日粮中可加一些胡萝卜改善日粮的口味，调节消化功能。

(4)饲用甜菜　甜菜作物，按其块根中的干物质与糖分含量多少，可大致分为糖甜菜，半糖甜菜和饲用甜菜3种。其中饲用甜菜的产量高，但干物质含量低，为8%～11%，含糖约1%。饲用甜菜喂猪时喂量不宜过多，也不宜单一饲喂。刚收获的甜菜不宜马上投喂，否则易引起腹泻。

3. 液体能量饲料　包括动物脂肪、植物油和油脚(榨油的副产物)、制糖工业的副产品糖蜜和乳品加工的副产物乳清等。

(1)动物脂肪　通常由检验不合格的畜禽胴体、脏器和皮脂等经高温处理得到。动物脂肪除工业用途外，也是一种高能饲料。动物脂肪在常温下凝固，加热则熔化成液态。动物脂肪含消化能达35兆焦/千克，约为玉米的2.52倍，添加脂肪可提高日粮的能量水平，并改善适口性，还能减少粉料的粉尘。猪日粮中动物脂肪可占日粮的6%～8%，动物脂肪的营养作用单纯，除提供一定数量不饱和脂肪酸(占脂肪3%～5%)外，主要是提高日粮的能量水平。用脂肪作能量饲料，可降低体增热，减少猪炎热气候下的散热负担，夏天预防热应激。

(2)植物脂肪　绝大多数植物油脂常温下都是液态。最常见的是大豆油、菜籽油、花生油、棉籽油、玉米油、葵花籽油和胡麻油。植物油脂和动物脂肪的差别在于含有较多的不饱和脂肪酸(占油脂的30%～70%)，与动物脂肪相比，植物油含有效能值稍高，消化能可达37兆焦/千克。植物油脂主要供人食用，也用作食品和其他工业原料，只有少量用作饲料。

(3)乳清　乳清是乳品加工厂生产乳制品(奶酪、酪蛋白)的液体副产物。其主要成分是乳糖，乳脂所占比例较小。乳清含水量高，不适于直接作配合饲料原料。乳清经喷雾干燥后制得的乳清粉是乳猪的良好调养饲料，已成为代乳饲料中必不可少的组分，但乳清粉吸水性强，加工时应特别注意。

(二)蛋白质饲料

这类饲料的蛋白质含量在20%以上，粗纤维含量在18%以下。蛋白质饲料包括植物性蛋白质饲料、动物性蛋白质饲料、微生物蛋白质饲料。这类饲料同时也具有能量饲料的某些特点，即干物质中粗纤维含量较少，容易消化的有机物质较多，每单位所含的消化能较高。

1. 植物性蛋白质饲料　包括油料作物籽实榨油后的饼、粕和一些粮食加工副产品。油料籽实榨油后的副产品通称“饼”，用溶剂提油后的副产品通称“粕”，这类饲料包括大豆饼（粕）、棉籽饼（粕）、菜籽饼（粕）、花生饼（粕）、芝麻饼（粕）、向日葵饼（粕）、胡麻饼（粕）等。其中豆饼（粕）是猪良好蛋白质饲料。棉籽饼（粕）及菜籽饼（粕）来源丰富，价格低廉，是猪蛋白质饲料的重要来源。各类油料籽实共同特点是油脂与蛋白质含量较高，而无氮浸出物比一般谷物类低。因此，提取油脂后的饼粕产品中的蛋白质含量就显得更高，再加上残存的油分，故一般的营养价值（能量与蛋白质）较高。

(1)大豆饼（粕）　是我国最常用的一种主要植物性蛋白质饲料，大豆饼粗蛋白质含量为40%～45%，豆粕的粗蛋白质含量高于豆饼，去皮大豆粕粗蛋白质含量可达50%。大豆饼（粕）的氨基酸组成比较合理，赖氨酸含量为2.5%～3%，是所有饼粕类饲料中含量最高的，异亮氨酸、色氨酸含量都比较高，但蛋氨酸含量低，仅0.5～0.7%。因此，在玉米—豆粕基础日粮中需要添加蛋氨酸。大豆饼（粕）中钙少磷多，但磷多属难以利用的植酸磷。维生素A、维生素D含量少，B族维生素除维生素B_2、维生素B_{12}外均较高。粗脂肪含量较低，尤其大豆粕的脂肪含量更低。

生产大豆饼（粕）的原料生大豆中，含有多种抗营养因子，如胰蛋白酶抑制因子、细胞凝集素、皂角苷、尿素酶等。在提油加工时，如果加热温度适宜，毒素受到破坏，如果加热不足就不能有效破坏毒素，则蛋白质利用率低；反之，如果加热过度可导致赖氨酸等必需氨基酸的变性反应而影响利用价值。

(2)棉籽饼(粕) 棉籽饼(粕)是棉花籽实提取棉籽油后的副产品，一般含粗蛋白质 32%～37%，产量仅次于大豆饼，棉仁饼含粗蛋白质 33%～40%，是一项重要的蛋白质资源。棉籽饼(粕)因加工条件不同，其营养价值相差很大，主要影响因素是棉籽壳是否脱去及脱去程度。

棉籽饼(粕)蛋白质组成不太理想，赖氨酸含量仅为 1.3%～1.5%，只有大豆饼粕的一半，蛋氨酸也不足，约 0.4%。同时，赖氨酸的利用率较差。故赖氨酸是棉籽饼(粕)的第一限制性氨基酸。饼粕中有效能值主要取决于粗纤维含量，即饼粕中含壳量。维生素含量受热损失较多。矿物质中磷多，但多属植酸磷，利用率低。

棉籽饼(粕)的缺点是含有游离棉酚，是一种有毒物质，棉酚含量取决于棉籽的品种和加工方法。棉酚中毒有蓄积性，可与消化道中的铁形成复合物，导致缺铁，添加 0.5%～1%硫酸亚铁粉可结合部分棉酚而去毒，并能提高棉籽饼(粕)的营养价值。

(3)菜籽饼(粕) 油菜籽提取菜籽油后的副产品，粗蛋白质含量在 30%以上。赖氨酸含量为 1%～1.8%，色氨酸为0.5%～0.8%、蛋氨酸为 0.4%～0.8%，胱氨酸为 0.3%～0.7%。

菜籽饼(粕)含毒素较高，主要起源于芥子甙或称含硫甙(含量一般在 6%以上)，各种芥子甙在不同条件下水解，生成异硫氰酸酯，严重影响适口性。异硫氰酸酯加热转变成氰酸酯，它和噁唑烷硫酮还会导致甲状腺肿大，一般经去毒处理，才能保证饲料安全。菜籽饼(粕)还含有一定量的单宁，降低动物食欲。“双低”菜籽饼(粕)的营养价值较高，可代替大豆饼(粕)饲喂猪。

(4)花生饼(粕) 花生饼(粕)带壳花生饼含粗纤维 15%以

上，饲用价值低。国内一般都去壳榨油，花生仁饼(粕)的粗蛋白质含量在40%以上，饲用价值仅次于大豆饼。花生饼(粕)含赖氨酸1.5%～2.1%，色氨酸0.45%～0.51%，蛋氨酸0.4%～0.7%，胱氨酸0.35%～0.65%，精氨酸5.2%。花生饼(粕)本身虽无毒素，但易感染黄曲霉产生黄曲霉毒素，因此贮藏时切忌发霉。用花生饼(粕)喂猪，其所含蛋氨酸、赖氨酸不能满足猪需要，必须进行补充，也可以和鱼粉、大豆饼(粕)等一起饲喂。

(5)玉米蛋白粉　玉米蛋白粉的确切含义是玉米除去淀粉、胚芽和玉米外皮后剩下的产品。正常玉米蛋白粉的色泽为金黄色，蛋白质含量越高色泽越鲜艳。玉米蛋白粉一般含蛋白质40%～50%，高者可达60%。玉米蛋白粉的蛋氨酸含量很高，可与相同蛋白质含量的鱼粉相当，但赖氨酸和色氨酸严重不足，不及相同蛋白质含量鱼粉的25%，且精氨酸含量较高，饲喂时应考虑氨基酸平衡，与其他蛋白质饲料配合使用。由黄玉米制成的玉米蛋白粉含有很高的类胡萝卜素，其中主要是叶黄素(53.4%)和玉米黄素(29.2%)，是很好的着色剂。玉米蛋白粉是高蛋白高能饲料，蛋白质消化率和可利用能值高，尤其适用于断奶仔猪。

2. 动物性蛋白质饲料　包括鱼粉、肉骨粉、血粉、羽毛粉、蚕蛹粉等.

(1)鱼粉　是以未腐烂的全鱼或鱼类食品加工后剩下的下脚料作原料，经过干燥(灭菌)、磨碎而成。鱼粉的营养价值因鱼种、加工方法和贮存条件不同而有较大差异。目前，我国市场上销售的鱼粉分为进口和国产2种，质量、价格差异都比较大。鱼粉被认为是目前最好的动物源性蛋白质饲料。一般来说，鱼粉含水量10%左右，蛋白质含量40%～70%，进口鱼粉一般在60%以上，国产鱼粉50%左右。鱼粉粗蛋白质太低，可能不是全鱼鱼粉，而是下脚料鱼粉；粗蛋白质太高，则可能掺假。鱼粉不仅蛋白质含量高，其氨基酸含量也很高，而且比例平衡。进口鱼粉赖氨酸含量可达5%以上，国产鱼粉为3%～3.5%。鱼粉粗脂肪含量5%～12%，平均8%左右。海鱼的脂肪含有高度不饱和脂肪酸，具有特殊的营养生理作用。鱼粉含钙5%～7%，磷2.5%～3.5%，食盐3%～5%。鱼粉中粗灰分含量越高，表明其中鱼骨越多，鱼肉越少。微量元素中，铁含量最高，可达1 500～2 000毫克/千克，其次是锌、硒。锌达100毫克/千克以上，硒为3～5毫克/千克，海鱼碘含量高。鱼粉的大部分脂溶性维生素在加工时被破坏，但B族维生素尤其维生素B_{12}、维生素B_2含量高，鱼粉中还含有未知生长因子。猪日粮中鱼粉用量为2%～8%。饲喂鱼粉可使猪发生肌胃糜烂，特别是加工错误或贮存中发生过自燃的鱼粉中含有较多的肌胃糜烂素。鱼粉还会使猪肉产生不良气味。市售鱼粉掺假现象比较严重，掺假的原料主要有血粉、羽毛粉、皮革粉、尿素、硫酸铵等，大多是廉价且消化利用率低、蛋白质含量高的原料，因而起不到应有的饲用价值。鱼粉的真伪可通过感官、显微镜检验及测定真蛋白和氨基酸的方法来鉴别。

（2）肉骨粉　由屠宰场、畜产品加工厂利用动物骨骼、下脚料等成分经高温、高压处理后脱脂干燥制成，饲用价值比鱼粉稍差，但价格远低于鱼粉，因此是很好的动物蛋白质饲料。据分析，肉骨粉粗蛋白质含量54.3%～56.2%，粗脂肪4.8%～7.2%，粗灰分20.1%～24.8%，钙5.3%～6.5%，磷2.5%～3.9%，蛋氨酸0.36%～1.09%，赖氨酸2.7%～5.8%。肉骨粉维生素B_{12}含量丰富，含脂肪较高，最好与植物性蛋白质饲料混合使用，仔猪日粮用量不要超过5%，成猪可为5%～10%。肉骨粉容易变质腐烂，喂前应注意检查。

（3）血粉　血粉是畜禽鲜血经脱水加工而制成的一种产品，是屠宰场主要副产品之一。血粉的主要特点是蛋白质和赖氨酸含量高，含粗蛋白质80%～90%，赖氨酸7%～8%，比鱼粉高近1倍，色氨酸、组氨酸含量也高。但是血粉蛋白质品质很差，血纤维蛋白质不易消化,赖氨酸利用率低。血粉中异亮氨酸很少,蛋氨酸偏低,因此氨基酸不平衡。不同动物血粉的成分略有不同,混合血的血粉质量优于单一血粉。血粉含钙磷较低,磷的利用率高。微量元素中含铁量可高达 2 800 毫克/千克,其他微量元素含量与谷实类饲料相近。由于血粉的利用率很低,目前很多厂家将血粉膨化以提高其利用率,效果较好。但是由于血粉味苦,适口性差,氨基酸极不平衡,喂量不可过高。

(4)羽毛粉　水解羽毛粉含粗蛋白质 84%以上,粗脂肪 2.5%,粗纤维 1.5%,粗灰分 2.8%,钙 0.4%,磷 0.7%。蛋白质中胱氨酸、异亮氨酸含量高,分别为 3%～4%,和 5.3%,但蛋氨酸、赖氨酸、色氨酸和组氨酸含量很低。羽毛粉的氨基酸利用率很低,变异幅度较大,因而蛋白质品质差。羽毛粉的饲用价值很低,主要用于补充含硫氨基酸需要量,且需与含赖氨酸、蛋氨酸、色氨酸高的蛋白质饲料混合使用。

(5)蚕蛹粉　蚕蛹是缫丝工业的副产品,是一种来源比较广泛的高蛋白质动物性饲料。蚕蛹粉蛋白质含量高,平均约 56%,赖氨酸 3%,蛋氨酸 1.5%,色氨酸可高达 1.2%,比进口鱼粉高出 1 倍。蚕蛹粉的另一特点是脂肪含量高,达 20%～30%,磷含量丰富,为 0.76%,是钙的 3.5 倍。蚕蛹粉富含 B 族维生素,但矿物质含量较低。一般来说,蚕蛹的必需氨基酸和钙、磷含量比鱼粉要差些,在猪日粮中蚕蛹粉主要用于补充氨基酸和能量,虽说蚕蛹价格适中,替代部分鱼粉比较经济实惠,但也不可过多。蚕蛹的最大特点是脂肪含量较高,在高温高湿条件下不仅容易酸败变质,不易长期保存,而且长期饲喂还会影响猪的胴体品质,因此在猪饲料中用量一般不超过 10%。猪在出售或屠宰前 20 天左右应停喂配有蚕蛹的饲料。

3. 微生物蛋白质饲料　主要是饲料酵母等。饲料酵母是利用工业废水废渣等为原料,接种酵母菌,经发酵干燥而成的单细胞蛋白质饲料。饲料酵母含蛋白质、脂肪低,粗纤维和矿物质含量取决于酵母来源。氨基酸中,赖氨酸含量高,蛋氨酸低。酵母粉中B族维生素含量丰富,矿物质中钙低而磷、钾含量高。饲料酵母的应用效果受日粮类型和酵母种类的影响。酵母在日粮中的用量不宜过高,否则影响适口性、破坏日粮氨基酸平衡、增加日粮成本、降低猪生产性能。值得注意的是,目前市场上销售的"饲料酵母"大多数是固态发酵生产的,确切一点说,应称为"含酵母饲料",这是以玉米蛋白粉等植物蛋白饲料作培养基,经接种酵母菌发酵而成,这种产品中真正的酵母菌体蛋白含量很低,大多数蛋白仍然以植物蛋白形式存在,其蛋白质品质较差,使用时应与饲料酵母加以区别。

(三)青绿饲料

青绿饲料一般是指天然和人工栽培的牧草和饲料作物及树叶、叶菜、水生植物等。这类饲料分布很广、养分比较完全,而且适口性好,消化利用率较高。青绿饲料一般具有以下特点:一是含水量高。陆地生长的植物含水量为60%~90%,水中生长的含水量占95%左右,所以青绿饲料的热能值较低。二是蛋白质含量较高且品质较好。以干物质计算,禾本科青绿饲料中粗蛋白质含量8%~15%,豆科青饲料10%~20%,有的高于20%,且赖氨酸含量较高,可用其补充谷物饲料的不足。三是粗纤维含量变化大。幼嫩的青饲料含粗纤维低,木质素少,无氮浸出物较高,猪采食后容易消化吸收。但随着植物生长期延长,其粗纤维和木质素的含量逐步增加。一般来说,植物开花或抽穗之前,粗纤维含量较低。木质素对消化率影响较大,其含量每增加1%,有机物质消化率下降5%左右。猪对未木质化的粗纤维消化率较高,对已木质化的粗纤维消化率较低。四是矿物质比例均衡,尤其是钙、磷比例适宜。五是维生素含量丰富,特别是胡萝卜素含量较高,并且B族维生素、维生素 E、维生素 C、维生素 K 和烟酸的含量较多。这类饲料中对猪最有价值的有苜蓿、三叶草、聚合草、菊苣、苦荬菜、山芋藤、紫云英等。青饲料是一种营养相对平衡的饲料，但由于青饲料干物质中消化能较低，从而限制了它们潜在的其他方面的营养优势。

养猪生产中常用的青绿饲料主要以产量高、营养好的禾本科和豆科植物为主。禾本科青绿饲料中，主要有玉米、粟、稗、麦类、苏丹草、象草、黑麦草、无芒雀草等。其中玉米和可多次收割的象草产量最高，每公顷鲜草产量最高可达百吨。禾本科青饲料含无氮浸出物高，其中糖类较多，因而略有甜味，适口性好，猪喜食。在营养方面，共同的特点是粗蛋白质含量较低，只占鲜草重量的2%～3%，而粗纤维成分却相对较高，约为粗蛋白质的 2 倍。豆科青草中，有紫花苜蓿、三叶草、草木樨、秣食豆、豌豆、紫云英、沙打旺、蚕豆等。豆科青草含粗蛋白质较高，营养价值也略高于禾本科青草。幼嫩豆科青草适口性好，应防止猪过量放牧及采食，以免造成腹胀。草木樨含有香豆素，沙打旺含有脂肪族硝基化合物，对猪也应控制饲喂，以免中毒。叶菜、水生青饲料种类繁多，主要包括叶菜及块根、块茎和瓜类的茎叶。这类饲料一般水分含量均较高，干物质含量不足 10%，所以单位重量青饲料所能提供的能量和营养物质有限，但粗纤维少，维生素丰富，矿物质比例适宜，生物利用率高，最适合于广大农村养猪补饲。

青绿饲料虽然水分含量高，营养浓度偏低，但对猪来说也可大量饲喂，青绿饲料是猪维生素的最佳补充饲料，经常饲喂对猪的健康有利。但要注意清洗或消毒，以防寄生虫和病菌。

(四)粗 饲 料

粗饲料是指含有较多粗纤维，而淀粉和糖类、脂肪、蛋白质含量又较低的饲料。一般来说，粗饲料体积大、难消化、可利用养分少、绝干物质中粗纤维含量在18%以上，有机物的消化率在70%以下，每千克干物质中的消化能低于10.46兆焦。粗饲料主要包括干的饲草和秸秆、秕壳等农副产品。粗饲料的来源广、种类多、产量大、价格低，农村养猪生产中主要应用农副产品类。

粗饲料中的干草是由天然或人工栽培的牧草适时收割干制而成，也是青饲料在非草生季节的一种延续利用的形式，其营养成分和价值的消长规律与青草的植物学分类、品种、生长阶段密切相关，还与干制的工艺有关。

秸秆和秕壳的可消化蛋白质含量低，粗纤维的含量高，其中木质素的含量非常高。不适合大量用作猪的饲料。

猪对粗纤维的消化能力较差，因为猪胃内没有分解粗纤维的微生物，大肠内也仅有少量微生物可以分解少量粗纤维。因此，在猪的饲养中，应控制粗纤维在日粮中所占的比例，一般为5%～8%，以保证日粮的全价性和易消化性。

(五)矿物质饲料

矿物质饲料是指天然生成的矿物质和工业合成的单一化合物，以及配合有载体的微量元素、常量元素矿物质饲料。矿物质的来源有2个途径，一种来自动物植物体，另一种来自无机的矿物质元素。猪生长过程中需要10多种矿物质元素，这些元素在动植物性饲料中都有一定的含量，但不能完全满足猪的需要，特别是饲养在水泥地面而又生长迅速的猪，对矿物质的需求量较大，此时就必须另行添加所需的矿物质，以满足猪的生长发育和生产需要。在现阶段猪的饲养条件下，需要较大量补充的矿物质种类并不多，主要是钠、氯、钙、磷等。

1. 食盐 即氯化钠。它能提高饲料适口性，刺激唾液的分泌。钠和氯都是猪不可缺少的必需营养元素，大多数植物性饲料中氯和钠含量都较少，因此猪饲料中一般用食盐来补充。

饲料中缺少氯和钠元素会影响猪的生长发育，使猪采食量下降，生长速度下降，饲料转化率下降。缺乏食盐的猪，往往表现出拱食猪圈地面或栏杆、啃食土块或炉渣等异物的怪癖。若饲料中食盐过量时，只要有充足的饮水，一般对猪健康无不良影响，但若饮水不足，可出现食盐中毒，主要表现为口渴，神经过敏，腹泻，身体虚弱，重者可引发死亡。在猪的配合饲料中，食盐的添加量一般为0.2%～0.5%，使用含盐量高的鱼粉、酱渣等饲料时应调整日粮食盐添加量。

2. 含钙和含磷的矿物质饲料　养猪生产中常用的含钙和含磷的矿物质饲料主要有以下几种。

(1)*石粉*　即石灰石粉，为天然碳酸钙。一般含钙纯度在38%左右，是补充钙质营养最廉价、最方便、最简单的矿物质饲料。除石粉外，陈旧的石灰、较纯的商品碳酸钙等均有与石粉同样的价值。只要铅、砷、氟的含量不超过安全系数，都可用于猪饲料。石粉在饲料中的添加量仔猪为1%～1.5%，肥育猪2%，种猪3%。

(2)*蛋壳及贝壳粉*　新鲜蛋壳或贝壳晒制或烘干后磨碎而成，是天然的钙源饲料。蛋壳粉中还含有一些有机质，如粗蛋白质等，含钙量一般为25%左右，含磷少。贝壳粉包括蚌壳粉、牡蛎粉、蛤蜊壳粉、螺丝壳粉等，一般含钙量为30%～40%。应用新鲜的蛋壳或贝壳制粉时，特别需要注意其中残留的蛋白质的腐败变质问题。此外，还需要注意的是，市场上销售的复合预混料中常使用石粉或贝壳粉作为稀释剂或载体，而且所占配比很大，配料时应把它的含钙量计算在内。

(3)*骨粉*　骨粉是以家畜骨骼为原料，经蒸汽高压蒸煮灭菌后，脱脂、烘干和粉碎而制成的产品。骨粉含钙24%～30%，磷10%～15%，钙、磷比例比较合理，钙的含量大致是磷含量的1.5～2倍，是一种较好的也是比较容易得到的钙、磷平衡的矿物质饲料。由于骨粉的主要成分是钙和磷，所以骨粉既可以补充钙，又可以补充磷。因此，有条件的猪场和养猪大户最好能够选用骨粉作为猪的钙、磷补充物。此外，骨粉品质因加工方法而异，选用时应注意磷含量和防止腐败。

(4)磷酸氢钙　又称为磷酸二钙，为白色或灰白色粉末，其主要成分是磷和钙，一般含钙23%以上，含磷18%以上，铅含量不超过50毫克/千克，氟含量不宜超过0.18%。磷酸氢钙的钙、磷利用率高，是优质的钙、磷补充料。但在使用时要注意含氟量是否超标。

此外，磷酸钙、过磷酸钙等均是含有钙、磷的矿物饲料。

猪饲料中钙、磷缺乏和过剩，都会对猪生长发育和生产性能带来不良后果。猪饲料中长期缺乏钙或磷，猪就会发生骨软症、佝偻病、骨质疏松及后肢瘫痪等症。同样，钙、磷长期过量也会对猪带来不良影响，二者中任何一种过量都会导致肠道中形成不易溶解的磷酸钙，干扰另一者的吸收利用。另外，过量的钙、磷还会干扰锌、铁、铜、镁、碘和锰的吸收利用。过量的钙可在猪体内与脂肪形成钙皂，影响脂肪的代谢。一般认为，饲料中钙的水平超过需要量的50%时，就会对猪产生不良影响。

三、饲料添加剂

(一)饲料添加剂的概念、特点和分类

饲料添加剂是指为满足特殊需要而加入饲料中的少量或微量营养或非营养性物质。这里所指的“满足特殊需要”包含以下几方面内容：一是适应畜禽营养需要，使饲料营养更趋于科学、合理和全面；二是为了改善饲料的质量，提高饲料转化率，降低饲养成本；三是为了防止畜禽疾病的发生，提高生产性能，达到饲养动物及其产品优质、高效、低消耗，获得最佳经济效益的目的。实践证明，正确、合理使用饲料添加剂，可以大大提高饲料转化率，大幅度增加产品产量和改善产品品质，显著提高养猪生产的经济效益。饲料

添加剂用量很少，一般按配合饲料最终产品的百万分之一计量（毫克/千克）。饲料添加剂直接用于饲料中不仅在技术上是困难的，而且很难保证其使用效果，通常都是将饲料添加剂作为原料，生产出各类添加剂预混剂或预混合饲料，再用于配合饲料。

饲料添加剂的种类繁多，性质多样，且不断有新产品问世，还有一些被淘汰或禁用。饲料添加剂分为营养性添加剂和非营养性添加剂两大类。营养性添加剂主要包括维生素、微量元素、氨基酸等饲料添加剂。非营养性添加剂主要包括生长促进剂（抗生素）、驱虫剂、抗球虫剂、抗氧化剂、防霉剂（防腐剂、保存剂）、着色剂、调味剂、中草药添加剂等。

（二）猪常用饲料添加剂的种类和功能

1. 营养性添加剂

（1）微量元素添加剂　猪必需的微量矿物元素有 9 种，它们是铁、铜、锌、锰、钴、碘、硒、钼、氟，其中 7 种在猪营养中的作用最大。提供这些微量元素的矿物质饲料叫微量元素补充料。由于猪对微量元素的需要量少，因而生产中需要预混合加工，通常作为添加剂加入饲粮中使用。美国 NRC 建议的猪对微量元素需要量及饲料中最高限量（以每千克风干日粮为基础）见表 7-1。

表 7-1　猪对微量元素需要量和饲料中最高限量　（毫克/千克）

元　素	用　量	仔　猪	生长肥育猪
铁(Fe)	需要量	78～165	37～55
	最高限量	3000	3000
铜(Cu)	需要量	6～6.5	10
	最高限量	250	200～250
锌(Zn)	需要量	110～78	55～37
	最高限量	3000	3000

续表 7-1

元 素	用 量	仔 猪	生长肥育猪
镁(Mg)	需要量	300	400
	最高限量	3000	3000
锰(Mn)	需要量	3.0～4.5	20～40
	最高限量	400	400
钴(Co)	需要量	0.1	—
	最高限量	50	50
硒(Se)	需要量	0.14～0.15	0.10～0.15
	最高限量	4	4
碘(I)	需要量	0.03～0.14	0.13
	最高限量	400	400
钼(Mo)	需要量	<1	<1
	最高限量	5～10	5～10

由于化学形式、产品类型、规格以及原料细度不同，饲料中补充微量元素的生物学利用率与销售价格差异很大。为方便配制饲料，现将各种微量元素添加剂的元素含量及其特性列于表 7-2。

表 7-2 微量元素添加剂、元素含量及其特性

添加剂	化合物名称	元素含量(%)	使用特性
铁补充剂	硫酸亚铁(7 结晶水)	20.1	硫酸亚铁最常用，生物学效价也最高，三价铁效价要比二价铁低，亚铁氧化后效价随之降低
	硫酸亚铁(1 结晶水)	32.9	
	氟化亚铁(4 结晶水)	28.1	
	氯化铁(6 结晶水)	20.7	

续表 7-2

添加剂	化合物名称	元素含量(%)	使用特性
铜补充剂	硫酸铜(5结晶水)	25.5	5水硫酸铜最常用，易潮解结块，硫酸铜相对生物学效价要高于氧化铜、氯化铜、碳酸铜
	碳酸铜(碱式1结晶水)	53.2	
	氯化铜(2结晶水)	37.2	
	氧化铜	66.55	
锌补充剂	碳酸锌	52.1	7水硫酸锌和氧化锌常用，硫酸锌、碳酸锌、氧化锌生物学效价相似，但氯化锌不潮解，稳定性好
	硫酸锌(7结晶水)	22.7	
	硫酸锌(1结晶水)	36.4	
	氧化锌	80.37	
锰补充剂	硫酸锰	36.4	硫酸锰常用，且不潮解，稳定性好，生物学效价高，碳酸锰与之接近，氯化锰较差
	碳酸锰	47.8	
	氯化锰(4结晶水)	27.8	
	氧化锰	77.4	
硒补充剂	亚硒酸钠(5结晶水)	30.0	亚硒酸钠和硒酸钠均常用，它们均为剧毒物质，操作人员必须戴防护用具
	硒酸钠(10结晶水)	21.4	
	硒酸钠	41.8	
	亚硒酸钠	45.7	
钴补充剂	氯化钴(5结晶水)	[illegible]	硫酸钴、碳酸钴、氯化钴均常用，而且三者的生物学效价均相似，但硫酸钴、氯化钴贮藏太久易结块，碳酸钴可长期贮存
	氯化钴	78.7	
	硫酸钴(7结晶水)	21.0	
	碳酸钴	49.6	
碘补充剂	碘化钾	76.5	碘化钾、碘酸钾最常用，碘化钾易潮解，稳定性差，长期暴露在空气中释放出碘而呈黄色，部分碘会形成碘酸盐，碘酸钾稳定性好
	碘酸钾	59.3	
	碘酸钙	65.1	
	碘酸钠	64.1	

微量元素的需要量与最高限量之间差距较大，故少量超量供给一般不易引起严重后果。我国当前生产和使用微量元素添加剂的主要品种大部分为硫酸盐、碳酸盐、氯化物。氧化物较少。硫酸盐含结晶水较高，易使设备腐蚀是其缺点，应用时不可使用工业级硫酸盐，因其重金属含量高，可造成猪产品中的重金属残留并危害人的健康。碘盐常使用碘化钾，其虽可被猪充分利用，但很不稳定，应选择利用率高且稳定性好的碘酸钙等。

有机态的微量元素近年来已经开始在生产中应用，主要的有机形态有络合、螯合以及与蛋白质结合。由于动物体组织及天然饲料中存在的微量元素，以有机络合物或螯合物形态存在为多。因此，认为有机态微量元素的利用率高于无机态微量元素。目前常用的有机态微量元素有蛋氨酸锌、蛋氨酸锰、蛋氨酸铁、赖氨酸锌及赖氨酸铜等。

(2)维生素添加剂　维生素作为营养物质有 2 个特性：一是维生素是有机化合物，这与动物机体中不可缺少的微量元素有所区别；二是每一动物个体每天对维生素的需要量很少，通常以毫克或微克计。与动物生长时构成机体物质和贮能物质的营养素不同，维生素在体内起着催化作用，促进主要营养素的合成与分解，控制机体代谢。在养猪生产中，因严重缺乏某种维生素而产生特异缺乏症是很少见的，经常遇到的是因维生素不足，而出现的非特异状态。例如，皮肤变粗、生长缓慢和生产水平下降、抗病力减弱等。产生非特异状态的原因是多种多样的，与饲料或饲养中的一些因素相互影响有关。当影响某种维生素吸收利用的因素存在时，就应增加这种维生素的给量。在猪饲料中，维生素不是按传统作用来治疗某种维生素缺乏症，而是作为饲料中营养的补充，以增加猪抗病或抗应激反应的能力，促进生长，提高猪产品的产量和质量。

常用的维生素共 14 种，一般分为脂溶性和水溶性两大类。

脂溶性维生素常用的有 4 种，即维生素 A、维生素 D、维生素

E 和维生素 K。此外,还有维生素 A 原(胡萝卜素),亦有生理活性。在畜禽日粮均要添加。

水溶性维生素常用的有 10 种,即维生素 B_1(硫胺素)、维生素 B_2(核黄素)、维生素 B_3(泛酸)、维生素 B_4(胆碱)、维生素 B_5(烟酸、烟酰胺)、维生素 B_6(吡哆醇)、维生素 B_{12}(氰钴胺素)、维生素 B_{11}(叶酸)、维生素 H(生物素)和维生素 C(抗坏血酸)。前 9 种合称 B 族维生素,常在猪饲料中添加。维生素 C 只在特殊情况下(应激、疾病)在猪饲料中添加。

对猪而言,饲料中一般需要添加维生素 A、维生素 D、维生素 E 和维生素 K、维生素 B_2、泛酸、胆碱、烟酸(烟酰胺)和维生素 B_{12} 9 种。

(3)氨基酸添加剂　蛋白质营养的实质是氨基酸营养,而氨基酸营养的核心是氨基酸之间的平衡。植物性饲料的氨基酸几乎都不平衡,在用天然饲料配制全价饲料时,尽管依据氨基酸平衡的原则配料,仍需要用氨基酸添加剂来平衡或补足饲料限制性氨基酸的不足,使其他氨基酸得到充分利用。

营养学研究和实践表明,应用氨基酸添加剂具有 4 个方面的作用:一是节约蛋白质并提高饲料利用效率。一般在以谷物和豆粕为主的植物性饲料中,赖氨酸等含量少,不能满足猪的需要,如按需要予以补加,可以大大节省蛋白质,降低饲料成本,提高生产效率。大量试验表明,在一定的范围内,在以谷物为主要饲料的配合饲料中,添加 0.1%左右赖氨酸,可节约蛋白质 1%以上,并提高饲料利用效率,提高猪的日增重。二是改善肉的品质。试验研究证明,猪的日粮中添加赖氨酸,可使氨基酸得到平衡,提高体内合成蛋白质的效率,相对降低体脂肪含量,增加瘦肉比例,改善肉质。三是提高消化功能。国外研究证明,采取降低猪日粮的蛋白质水平,补加赖氨酸、蛋氨酸等方法,有效地改善了猪的消化功能,减少了疾病,增强抵抗力。四是减少应激。应激就是由于外界环境条件变化或其他因素的改变使猪产生一种生理学适应的现象，会使采食急剧下降，影响生长和畜产品质量。通过添加某种氨基酸，可以使氨基酸得到平衡，减少蛋白质氧化供能，可以减少热应激等应激症的发生。

目前作为添加剂使用的有赖氨酸、蛋氨酸、色氨酸、苏氨酸等。用量较大的是蛋氨酸和赖氨酸。

赖氨酸是猪所必需的氨基酸，一般饲料添加剂为 L-赖氨酸盐(以干基计)≥98.5%。在饲料中具体添加 L-赖氨酸盐的量，应根据猪营养需要量确定。一般在饲料中的添加量为 0.05%～0.3%，即每吨饲料添加 500～3 000 克。但在计算添加量时应注意，按产品规格，其含有 98.5%的L-赖氨酸盐，但L-赖氨酸盐中的L-赖氨酸含量为 80%，因此产品中含有L-赖氨酸仅为 78.8%。

蛋氨酸是饲料最易缺乏的一种氨基酸。饲料工业中广泛应用的蛋氨酸有 D-蛋氨酸和 DL-蛋氨酸 2 类。国内使用的多为 DL-蛋氨酸或 L-蛋氨酸。蛋氨酸的使用可按畜禽营养需要量补充添加，在猪饲料中的一般添加量为 0.05%～0.2%，即每吨配合饲料中添加 500～2 000 克。

非蛋白氮物质只能作为反刍动物补氮的饲料添加剂，瘤胃内的微生物可以用其合成蛋白质，已为理论和实践所证实。常用添加剂主要有尿素、氨、缩二脲、磷酸铵、碳酸铵、氯化铵和硝酸铵等。

猪体内几乎不能应用非蛋白氮物质，因此非蛋白氮物质不能作为猪的饲料添加剂，如果应用则可导致猪的氨中毒。

2. 非营养性添加剂 非营养性添加剂虽不是饲料中的固有营养成分，本身亦没有营养价值，但明显表现出维护机体健康、促进生长和提高饲料转换率等作用。

(1)**生长促进剂** 生长促进剂可以改善动物的日增重和肥育饲料的转化率，提高动物生产能力，节省饲料开支。主要包括抗生素、驱虫保健添加剂、合成抗菌药添加剂等。允许在无公害生猪饲料中使用的药物饲料添加剂见表 7-3。

表 7-3　允许在无公害生猪饲料中使用的药物饲料添加剂

名　称	含量规格	用法与用量(1000 千克饲料中添加量)	休药期(天)
杆菌肽锌预混剂	10%或 15%	4～40 克(4 月龄以下),以有效成分计	0
黄霉素预混剂	4%或 8%	仔猪 10～25 克,生长、肥育猪 5 克,以有效成分计	0
维吉尼亚霉素预混剂	50%	20～50 克	1
喹乙醇预混剂	5%	1000～2000 克,禁用于体重超过 35 千克的猪	35
阿美拉霉素预混剂	10%	4 月龄以内 200～400 克,4～6 月龄 100～200 克	0
盐霉素钠预混剂	5%,6%,10%,12%,45%,50%	25～75 克,以有效成分计	5
硫酸黏杆菌素预混剂	2%,4%,10%	仔猪 2～20 克,以有效成分计	7
牛至油预混剂	2.5%	用于预防疾病 500～700 克,用于治疗疾病 1000～1300 克,连用 7 天,用于促生长 50～500 克	
杆菌肽锌、硫酸黏杆菌素预混剂	杆菌肽锌 5%硫酸黏杆菌素 1%	2 月龄以下 2～40 克,4 月龄以下 2～20 克,以有效成分计	7

续表 7-3

名　称	含量规格	用法与用量(1000千克饲料中添加量)	休药期(天)
土霉素钙	5%,10%,20%	10～50克(4月龄以内),以有效成分计	
吉他霉素预混剂	2.2%, 11%, 55%,95%	促生长:5～55克,防治疾病:80～330克,连用5～7天,以有效成分计	7
金霉素预混剂	10%,15%	25～75克(4月龄以内),以有效成分计	7
恩拉霉素预混剂	4%,8%	2.5～20克,以有效成分计	7

引自中华人民共和国农业部农牧发〔2001〕20《药物饲料添加剂使用规范》

①抗生素　是一些特定微生物生长过程中的代谢产物,它除用作防治疾病外,也可作为生长刺激剂使用,特别是在卫生和管理条件不良的情况下,效果更好。

使用抗生素作为饲料添加剂,要特别注意长期使用和滥用抗生素产生抗药性和在动物产品中的残留问题。例如,土霉素促进生长效果虽好,但有产生抗药菌株和易吸收残留的缺点。为了合理利用抗生素添加剂,防止病菌产生抗药性的措施有以下几点:①选用动物专用的、好吸收和残留少的、不产生抗药性的品种;②严格控制使用剂量,保证使用效果,防止不良作用;③严格使用期限,按休药期规定使用。研究证明,抗生素在动物体内蓄积到一定水平时,即不再蓄积,此时食入量与排泄量呈平衡状态,如果停药,则体内残留的抗生素可以逐步排出。大多数抗生素消失时间需3～6天,故一般规定在屠宰前7天停止添加,有些抗生素停药期长些,甚至超过1个月,要严格按照国家规定(见附录)使用。

②驱虫保健添加剂　寄生虫种类很多,驱虫药也很多。如广

泛应用效果较好的伊维菌素，除了吸虫与绦虫外均有较好的效果。

③合成抗菌药添加剂　应用较早的合成类抗菌药物主要有磺胺类和呋喃类，但随着研究的深入，发现这类药物不良反应较大，已逐渐被淘汰。目前，仍然保留使用的主要有喹乙醇、有机砷制剂等。喹乙醇本身毒性不大，但抗菌效力好，对革兰氏阴性菌（如大肠杆菌、沙门氏菌）特别敏感，对革兰氏阳性菌的作用优于金霉素。养猪生产中，喹乙醇具有抗菌作用和促进蛋白质合成作用，提高饲料中能量和氮的利用效率的效果，对仔猪腹泻具有较好的治疗效果，在我国《饲料药物添加剂使用规范》中明确规定了喹乙醇预混剂的剂型、使用范围和休药期，只能用于体重在 35 千克以下仔猪，休药期 35 天。砷具有促进仔猪生长的作用，特别当仔猪处于应激状态或亚疾病状态时，使用效果更为突出。但是砷化物具有毒性，且促生长的适宜需要量和中毒量之间的范围相当窄，因而在饲料加工使用此类添加剂尤其要注意，千万不能超量添加。

(2)其他猪饲料添加剂

①抗氧化剂和防腐剂　抗氧化剂和防腐剂可防止饲料氧化变质，腐败霉变。目前经常使用的抗氧化剂有乙氧基喹啉、二丁基羟基甲苯、丁基羟基回香醚、抗坏血酸及没食子酸丙酯等，其中用量最大的是乙氧基喹啉。实践中使用的防霉、防腐剂很多，其中作为饲料添加剂常用的为丙酸及其盐类。丙酸主要用作青贮的防腐败霉变。丙酸盐类没有臭味，饲料添加丙酸盐不影响饲料的适口性。丙酸盐没有挥发性，故防霉的持久性比丙酸好。丙酸及其盐类的防霉添加量，丙酸在青贮中要求在 1%以下，在配合饲料中要求在 0.3%以下。

②食欲增进剂　这种添加剂统称为风味剂或诱食剂，其目的是为了增进猪的食欲。通过在饲料中加入香料或调味剂，来掩盖某些饲料组分的不良气味，或增加动物喜爱的某种气味，从而改善饲料的适口性，增加饲料采食量。如在代乳饲料中加入奶味香料

等，可明显增进仔猪采食。如甜味剂在诱导仔猪采食时具有重要作用。属于这类添加剂的有糖精、谷氨酸钠（味精）、甘露糖醇、乳酸乙酯、乳酸丁酯、柠檬酸等。

③酸化剂　酸化剂是一类作为饲料添加剂的有机酸的统称。常用的有机酸包括乳酸、富马酸、丙酸、柠檬酸、甲酸、山梨酸等。酸化剂的主要功能是补充幼年猪胃酸的分泌不足，降低胃肠道pH值，促进无活性的胃蛋白酶源转化为有活性的胃蛋白酶；杀灭肠道内微生物菌群，减少疾病的发生；具有良好的适口性，刺激猪唾液分泌，增进食欲，提高采食量，促进增重；同时某些酸是能量代谢中重要的中间产物，可直接参与体内代谢。酸化剂是目前取代抗生素作为猪促生长剂的最佳选择之一。目前市场上酸化剂一般由2种或2种以上的有机酸复合而成，主要是增强酸化效果，每吨饲料添加量在1～5千克。

④镇静剂（安静剂）　在畜牧生产中为避免应激造成的影响，在特殊情况下（如接种疫苗、转群、运输等），须在配合饲料中添加安静剂以减少因应激造成的异常和惊扰。为此常按规定量添加利血平、阿司匹林、甘油三酯等。

⑤除臭剂　为防止畜禽排泄物的臭味污染环境，国外有名为F-Nick的产品。此种添加剂的重要成分是硫酸亚铁，酸性较强。猪饲料中添加1%即可防臭。我国近年来研究证明，腐植酸盐、沸石及EM制剂具有除臭作用。

（三）使用饲料添加剂应注意的问题

饲料添加剂是配合饲料的核心，虽然量微，但作用巨大。若不能正确使用，则适得其反，甚至带来不必要的损失和严重后果。因此，要科学、合理地使用饲料添加剂，切实做到安全、经济和方便。要依据猪的生长发育阶段、特殊生理阶段，结合功能取向，选择合适的饲料添加剂；还要看清添加剂的用量、效价和有效期限，要注意禁用、限用和配伍禁忌等规定。不管何种饲料添加剂，都要适时、适量使用，切不可盲目乱用、滥用。具体来说，科学使用饲料添加剂要做到以下 8 个方面。

1. 明确使用前提 只有在饲料中能量、蛋白质及常量矿物质能够满足动物基本需要的前提下，使用添加剂才能收到良好的效果；如果不能满足动物生长生产的基础营养物质条件，使用任何添加剂也都难以起到明显效果。因此，无论何时、何地，都要牢记添加剂使用的前提条件。还有，就是要绷紧安全的弦，无论什么时候，无论什么情况，都不能添加禁用药物，不能超范围乱用、滥用添加剂。

2. 准确选择 一方面，饲料添加剂种类很多，每一种产品又有其不同的作用和特点，在选用时，一定要充分了解各种添加剂的功能和特性，根据猪的饲养目的、生理阶段、气候季节、环境条件等情况，综合权衡，准确选择添加剂。另一方面，就是同一品种饲料添加剂，生产厂家众多，需要加以鉴别，选择具有法定生产资质、实力强、质量好、品牌优的饲料添加剂，把好质量关。

3. 适时、适量添加 大部分饲料添加剂参与动物的代谢活动，并对动物产品会产生影响，因此在使用时间和添加量上要予以注意。比如，在猪出栏上市前的一段时间，不能不顾休药期的规定，添加使用易于残留的添加剂，否则会引发动物产品安全事故。

4. 注意使用方式和适用对象 一般地，添加剂只能混于风干料进行饲喂，也有一些专门溶于水用的添加剂。用时要仔细阅读产品说明书，不能图省事，随便改变使用方法。同时，要注意使用对象，不能张冠李戴，否则易于引发事故。

5. 注意配伍禁忌 当多种添加剂混合使用时，使用前必须了解它们是否存在相互抑制和抵消作用，如果有，必须要采取相应的措施，以免造成损失和浪费。

6. 混合要均匀 添加剂占配合饲料的比例很小，如果混合不均匀，必然造成一部分过量，一部分不足，不但起不到效果，反而会使动物中毒。这一点，在生产中必须予以高度重视。若把微量添加剂直接混合于大量的饲料中是不能混匀的，应先将添加剂混于少量饲料中，逐级扩大，混合均匀。

7. 及时观察被饲喂猪的反应 使用添加剂时，饲养人员应密切关注被饲猪的反应，发现异常情况应立即停止使用，迅速查明原因并采取相应的救治措施。

8. 及时总结，不断改进和完善 使用添加剂，应注意做一些试验和观察记录，以便不断总结经验，加以改进和完善。

（四）新型绿色环保添加剂的开发与应用

随着经济社会的发展和文明程度的提高，饲料添加剂进入了一个新的发展阶段，对人体健康有害和污染环境的饲料添加剂，均应逐步淘汰、替代或禁止使用。近年来，一些新型绿色环保添加剂在养猪生产中得到应用，主要包括酶制剂、微生态制剂、中草药等。

1. 酶制剂 饲用酶制剂主要包括两大类，一类是外源性消化酶，包括蛋白酶、淀粉酶和脂肪酶等。其功能是补充仔猪体内消化酶不足，提高饲料营养物质的消化率；二类是外源性降解酶，这类酶在动物组织细胞内不能合成，而微生物能合成，它们包括纤维素酶、半纤维素酶、β-葡聚糖酶、木聚糖和植酸酶等。其主要功能是降解猪难以消化或完全不能消化的物质或抗营养物质等，提高饲料营养物质的消化率。

目前使用的酶制剂主要是消化酶，主要用于消化功能尚未健全的仔猪，尤其是早期断奶的仔猪，在其开食料中添加。作为饲料添加剂使用的主要酶制剂有蛋白酶、纤维素酶、脂肪酶、果胶酶、淀粉酶等单一酶制剂和混合酶制剂。

现在商品酶制剂一般是经过稳定化处理的复合酶制剂或单一的酶制剂，多用于仔猪饲料，目的是提高饲料营养物质的消化率和吸收率，提高生产力，开发饲料资源，降低饲料成本，提高经济效益以及减少环境污染。近年来，对聚糖酶的研究较多，如大麦含β-葡聚糖，小麦含有阿位伯木聚糖，这些聚糖都是抗营养因子，可通过添加β-葡聚糖酶及木聚糖酶，消除其对猪消化与生长的负面作用。一些饼粕类饲料中的纤维果胶比重高，如豆饼中果胶可占其干物质量的14%左右，应用果胶酶可提高其饲料转化率。日粮中添加植酸酶能明显提高日粮植酸磷的生物学利用率，从而可替代无机磷或减少无机磷在日粮中的添加，减少猪的磷排泄与污染环境。由于酶对底物选择的专一性，其应用效果与饲料组分、猪消化生理特点等有密切关系，故应用酶制剂应根据特定的饲料和特定的猪及其年龄阶段而定，在使用过程中应注意防止高温处理。

2. 生菌剂 又名益生素。它是由一些有益的好气性菌、厌气性菌、乳酸菌、酵母菌和霉菌培制而成的活菌制剂。主要菌种为乳酸杆菌属、双岐杆菌属、链球菌以及某些枯草菌、酵母菌、芽胞杆菌等。

作为饲料添加剂的益生素活菌，必须保证无有害有毒菌株，产品必须安全稳定，所选菌株应对各种影响因素有较强的抗性，在配合饲料中可保持菌活力2～3个月。

活菌制剂的主要作用机制是促进猪肠道内有益菌群的生长和增殖。活菌剂产生抗菌物质及过氧化氢和有机酸可抑制和排斥有害菌群如大肠杆菌等生长，从而使宿主肠道内建立起有利于机体健康和消化代谢的菌群平衡新体系；增进肠道内活性物质的合成。活菌剂能产生各种消化酶如蛋白酶、淀粉酶、纤维酶等，并能合成大量的B族维生素、维生素K和有机酸，从而使宿主猪消化代谢功能得以增强，营养状况得到改善；活菌剂可通过提高抗体水平，刺激猪机体的免疫系统和提高免疫力，增强宿主猪的抗病力以及强化免疫功能。最后，活菌剂可减少猪肠道内的氨及其他有害物质的产生，并可中和大肠杆菌产生的毒素，有利于宿主猪体内环境的改善。活菌制剂用于猪，能提高生长速度，提高饲料转化率，减少死亡率。

3. 寡糖 是一类由 2～10 个糖单位组成的水溶性小分子碳水化合物。一般包括异麦芽糖、异麦芽三糖和四糖、低聚果糖、半乳寡糖、甘露寡糖、木果糖、木葡寡糖、木寡糖和低聚乳糖醇等。由于这类物质在肠道内有类似抗生素的作用，故有人称之为“化学益生素”。

寡糖的主要作用：通过惟一选择性增殖双歧杆菌等猪肠道内的有益菌群并发挥作用，形成微生态竞争优势；有益菌群产生短链脂肪酸（主要是乙酸和乳酸）和一些抗菌物质，直接抑制外源致病菌和内源有害菌（如沙门氏菌、志贺氏菌、大肠杆菌等）生长繁殖，使宿主猪保持健康，减少疾病的发生；有益菌的增殖可促进吞噬细胞的活性，增强猪机体一系列免疫功能，提高猪的免疫力；增加体内 B 族维生素等营养素的合成，促进猪对营养物质的吸收；吸附肠道内病原菌，促进病原菌从猪体内排出，减少其对猪的危害。寡聚糖替代抗生素，具有饲料成本低、畜产品无药物残留等特点，是一类具有发展前途的新型饲料添加剂。

4. 中草药添加剂 中草药添加剂具有天然性、无抗药性等诸多特点，是替代抗生素类和激素类药物的理想饲料添加剂之一。中药是天然的动、植物或矿物质，本身含有丰富的维生素、矿物质和蛋白质，在饲料中可以补充营养，另外还有促进生长、增强动物体质、提高抗病能力的作用。我国中草药资源丰富、取用方便、有较丰富的中草药应用经验，中草药制剂的开发在我国存在很大的潜力。

我国中草药饲料添加剂已研制开发出很多品种，许多研究发现，中草药制剂具有促进生长、改善动物健康状况、提高饲料转化率等作用。有的试验还发现中草药对猪肉品质也有影响。

实际生产过程中，由于药材的来源、品质、加工工艺等差异，有效成分变化大，有的还不清楚有效成分是什么，质量难以控制，商品化有一定困难。此外，科学的剂量、不良反应、与其他添加剂间协同或拮抗等问题尚未研究清楚，也给中草药添加剂的进一步推广造成了障碍。目前，中草药添加剂的开发大多处于初级阶段，生产技术不完善，所生产的产品多为粗制品，效果不稳定，某些制剂尚存在不良反应、配伍特性不够明确、加工成本高等缺点。随着这些问题逐步得到解决，中草药添加剂在在养猪生产中将会广泛应用。

四、猪的配合饲料

（一）猪饲料配方设计的基本原则

1. 营养全面、平衡　所谓营养全面，就是使日粮中的蛋白质和氨基酸、能量、矿物质和维生素达到饲养标准的要求。要做到这一点，必须用多样化的饲料来配合日粮，这样可使多种饲料之间的营养物质得到相互补充，从而提高日粮的营养价值。

2. 饲料体积适宜　在配制饲料时，一定要注意猪的采食量与饲料体积大小的关系。如配合饲料体积过大，由于猪的胃肠容积有限，吃不了那么多，营养物质得不到满足。反之，如果饲料体积过小，猪多吃了浪费，按标准饲喂达不到饱感，还会影响饲料转化率的提高。

3. 控制粗纤维含量　猪是单胃动物，对粗纤维几乎不能消化。粗纤维不但自身不能供能，还会降低其他营养物质的利用率，降低猪的生产性能。配合饲料中粗纤维含量，仔猪3%～4%最高不要超过5%，肥育猪不超过8%，种公猪7%，空怀、妊娠母猪8%～10%，哺乳母猪7%。猪耐粗饲性还受到品种的影响，地方品种猪耐粗饲性普遍好些，空怀和妊娠期饲粮的粗纤维含量可达12%左右甚至更高些。

4. 注意饲料适口性 在配制饲料时要注意饲料的适口性，适口性好，可刺激食欲，增加采食量。反之，则降低采食量，影响生产性能。

5. 因地制宜选择饲料种类 在养猪生产成本中，饲料费用所占的比例最大，约为70%左右。所以，在配制饲料时，既要考虑满足营养需要，又要考虑成本。可根据当地情况，选择来源广泛、价格低廉、营养丰富的饲料，有效降低饲养成本。

6. 注意饲料品质 发霉变质的饲料不能使用，如发霉玉米含黄曲霉毒素，容易导致中毒。棉籽饼、菜籽饼须进行去毒处理，并限量使用。

(二)猪配合饲料的种类

猪的配合饲料主要依据猪各生长发育和生理阶段的营养需要而设计配制，通常分为乳猪料、仔猪料、生长肥育猪料、妊娠母猪料、泌乳母猪料和种公猪料。

(三)猪的饲养标准

饲养标准是指满足猪生长发育、生产、繁殖所需的各种营养物质的数量，它是通过大量的试验研究和生产实践总结出来的，是饲料配合的重要依据。在我国养猪生产中，参考价值较高的饲养标准有中国瘦肉型猪饲养标准(2004年)、美国NRC猪的饲养标准及各大育种公司猪的饲养标准。

(四)饲料配方设计计算方法

饲料配方设计计算方法有试差法、对角线法、公式法和计算机法等。试差法是最常用的一种方法。它是根据经验粗略地拟出各种原料的比例，然后乘以每种原料的营养成分百分比，计算出配方中每种营养成分的含量，再与饲养标准进行比较。若某一营养成分不足或超量时，通过调整相应的原料比例再计算，直至满足营养需要为止。

现以体重 10～20 千克阶段仔猪为例，说明试差法配制饲料的具体步骤。

第一步：查仔猪饲养标准　消化能 13.85 兆焦/千克，粗蛋白质 19%，钙 0.64%，总磷 0.54%，赖氨酸 0.90%，蛋氨酸＋胱氨酸 0.59%。

第二步：确定选用饲料品种　现有饲料种类为玉米、豆粕、麸皮、鱼粉、骨粉、食盐和预混料。

第三步：查猪的饲料成分及营养价值表　（略）。

第四步：试配　初步确定各种风干饲料在配方中重量百分比，并进行计算，得出初配饲料计算结果，并与饲养标准比较（表 7-4）。

表 7-4　消化能和蛋白质的营养需要量比较

饲料种类	配　比	消化能（兆焦/千克）	粗蛋白质（%）
玉　米	60	14.477 × 0.60＝8.68	8.4 × 0.60＝5.04
豆　粕	30	13.3 × 0.30＝3.99	43 × 0.30＝12.90
鱼　粉	3	14.0 × 0.03＝0.42	60.5 × 0.03＝1.82
麸　皮	4.2	12.0 × 0.042－0.504	14.5 × 0.042－0.61
骨　粉	1.5		
食　盐	0.3		
预混料	1		
合　计	100	13.59	20.37
饲养标准		13.85	19
与饲养标准比较		－0.261	＋1.37

第五步：调整

(1)调整消化能、粗蛋白质需要量　初配饲料与饲养标准比较，能量较饲养标准略低，粗蛋白质高于饲养标准。要调低粗蛋白质含量并增加能量，就需要减少豆粕、增加玉米配比量。饲养标准规定粗蛋白质需要量为19%，表中混合料可提供蛋白质20.37%，比饲养标准高出1.37(20.37－19)个百分点。如果用玉米进行调整，那么每千克玉米含蛋白质8.4%，每千克豆粕含蛋白质43%，调整蛋白质含量0.346(43%－8.4%)。因此，所增加玉米量为1.37/0.346＝3.96，用等量玉米代替等量的豆粕，调整后的日粮配合比例见表7-5。

表7-5　调整后营养成分计算结果

饲料种类	配比(%)	消化能	粗蛋白质	钙	磷	赖氨酸	蛋＋胱氨酸
玉　米	64	9.26	5.37	0.0256	0.134	0.1728	0.208
豆　粕	26	3.45	11.18	0.083	0.161	0.0197	0.020
鱼　粉	3	0.42	1.82	0.138	0.0645	0.66	0.3016
麸　皮	4.2	0.72	0.61	0.007	0.032	0.109	0.057
骨　粉	1.5			0.45	0.195		
食　盐	0.3						
预混料	1						
合　计	100	13.85	18.98	0.70	0.59	0.96	0.58
饲养标准		13.85	19	0.64	0.54	0.90	0.51
与饲养标准比较		0	－0.02	＋0.06	＋0.05	＋0.06	＋0.07

(2)调整钙、磷需要量　钙、磷需要量符合饲养标准(表7-5)，不需要再调整。

(3)调整氨基酸配合　猪需要10种必需氨基酸，计算起来比较麻烦。有些氨基酸通过饲料可以满足需要。因此，在实际饲养中应注意赖氨酸、蛋氨酸与胱氨酸的需要量。由表7-5可知，该饲料配方满足了仔猪氨基酸的营养需要量，不需要再添加氨基酸了。但如果配合猪日粮时，减少豆粕和鱼粉的配比比例，加一些杂饼配制而成，就必须注意氨基酸的添加，直到满足猪的营养需要。

(4)维生素和微量元素添加　一定要达到猪的饲养标准，否则会影响饲料转化率。因此，一般配合饲料需补加维生素和微量元素预混料。一般可以采用1%或4%～5%的复合饲料添加剂预混料。

(五)猪典型饲料配方

猪典型饲料配方见表7-6。

表 7-6 猪典型饲料配方

饲料种类	仔猪（7～15 千克）		小猪（15～30 千克）	中猪（30～60 千克）		大猪（60～100 千克）		妊娠母猪	泌乳母猪		种公猪	
	(1)	(2)	(3)	(4)	(5)	(6)	(7)	(8)	(9)	(10)	(11)	(12)
黄玉米	58.5	58.0	68.0	68.0	69.5	70.0	71.5	73.5	68.0	66.0	63.0	64.0
小麦麸	3.0	3.0	5.5	5.0	6.0	6.5	7.5	8.0	14.0	8.0	8.0	12.0
大豆粕	0	0	14.0	13.5	15.0	14.5	13.5	12.0	12.0	18.0	20.0	17.0
鱼粉(国产)	3.0	3.0	0	2.0	0	0	0	0	0	0	2.0	0
玉米蛋白粉	6.5	5.0	4.5	4.0	0	1.0	0	0	0	0	0	0
膨化大豆	13.0	14.0	0	0	0	0	0	0	0	0	0	0
去皮豆粕	7.0	8.0	3.5	3.5	1.5	0	0	0	0	0	0	0
棉籽饼	0	0	0	0	2.5	2.5	2.0	1.0	0	0	0	0
菜籽饼	0	0	0	0	0	0	0	0	2.0	3.0	3.0	3.0
乳清粉	5.0	4.0	0	0	0	0	0	0	0	0	0	0
植物油	0	1.0	0.5	1.0	1.5	1.5	1.5	1.5	0	1.0	0	0
预混料	4.0	4.0	4.0	4.0	4.0	4.0	4.0	4.0	4.0	4.0	4.0	4.0
消化能（兆卡/千克）	3.31	3.36	3.21	3.23	3.21	3.21	3.21	3.22	3.04	3.16	3.09	3.06
粗蛋白质(%)	19.20	19.10	16.75	17.31	15.20	14.92	14.05	13.24	14.00	15.89	17.68	15.90
赖氨酸(%)	1.30	1.32	1.13	1.20	1.10	1.06	0.90	0.85	0.56	0.76	0.82	0.72

第八章　猪的标准化饲养管理

搞好猪群的标准化饲养管理是实现猪健康高效养殖的基本途径，是提高猪场生产水平和经济效益的最重要环节。

一、种猪的饲养管理

种猪饲养管理的好坏，决定着猪场生产水平的高低，也是决定养猪生产经济效益好坏的关键。种公猪需要数量较少，但是其对利润的贡献率是50％，不能忽视。母猪的繁殖任务较重，饲养管理须落实到发情、配种、妊娠、分娩、哺乳等各个环节。

（一）种公猪的饲养管理

俗话说"母猪好，好一窝，公猪好，好一坡"。选好公猪是一个猪场正常生产的基础，最重要的是遗传素质要高，即生长速度快、饲料转化率高、瘦肉率高、肉的品质优良。种公猪饲养管理的主要目标是提高种公猪的配种能力，使种公猪体质健康，体况不肥不瘦，精力充沛，保持旺盛的性欲及良好的精液品质，保持较高的配种受胎率。

加强种公猪的饲养管理，须经常保持营养、运动和配种利用三者之间的动态平衡。营养是保证公猪健康和生产优质精液的物质基础；运动是增强公猪体质、提高繁殖功能的有效措施；而配种利用则是决定营养和运动需要量的依据。例如，在配种繁殖季节，应加强营养，减少运动量；而在非配种季节，则可以适当降低营养，增加运动量，以免公猪肥胖或消瘦而影响公猪的性欲和配种效果。

1. 种公猪的营养需要　公猪的射精量在各种畜禽中是最高

的，一次射精量平均为250毫升(150～500毫升)，含有精子约250亿个。为了保证种公猪有健康的体质和旺盛的性欲，提高射精量和精液品质，就要实行标准化饲养，全面满足公猪的营养需求。

(1)供给足够的蛋白质和必需氨基酸　饲粮中蛋白质的品质和数量，对维持种公猪良好的种用体况和繁殖能力具有重要作用，通常种公猪饲料中应含粗蛋白质15%～16%，并含一定比例的动物性蛋白质饲料。应注意补充赖氨酸、蛋氨酸等必需氨基酸，对维持种公猪生殖功能有良好的作用。

(2)能量水平不宜过高　种公猪饲粮的能量控制在中等偏上水平即可。长期喂给高能量饲料，公猪不能保持结实的种用体况，因体内脂肪沉积而肥胖，造成性欲和精液品质下降；饲粮的能量水平过低，会导致公猪消瘦，精液量减少，性功能减弱。

(3)注重矿物质和维生素的添加　矿物质对公猪的精液品质和健康有显著影响。饲粮中钙不足或缺乏时，精子发育不全，活力降低或死精子增加，缺磷引起生殖功能衰退。公猪饲料中应含钙0.75%，磷0.6%。缺锰会产生异常精子；缺锌使睾丸发育不良，精子生成停止；缺硒引起贫血，精液品质下降，睾丸萎缩。公猪饲粮多为精料型，一般含磷多而含钙少，故需注意钙的补充。在集约化养猪条件下，更需注意添加上述微量元素，以满足其营养需要。

玉米豆粕型饲料中容易缺乏脂溶性维生素，如维生素A、维生素D和维生素E，这些维生素对精液品质有很大影响。长期缺乏维生素A时，会使公猪睾丸肿胀或萎缩，不能产生精子，失去繁殖能力。维生素D影响钙、磷代谢，间接影响精液品质，让公猪每天晒一会太阳，就能保证维生素D的需要。缺乏维生素E时，亦会引起睾丸功能退化，精液品质下降。在饲料中加入适宜的添加剂，一般可满足种公猪对维生素的需要，有条件的猪场可以适当饲喂青绿饲料。

2. 种公猪的饲养技术

种公猪应保持中等膘情，避免过肥和过瘦。饲养员应经常观察公猪的膘情，然后根据其体况及时调整喂料量。过肥的公猪贪睡，性欲减弱，甚至不能配种，即使勉强配种，也往往由于睾丸发生脂肪变性，精子不健全而受胎效果不佳。这种情况多是由于饲粮中营养不全面，能量水平较高，蛋白质、矿物质和维生素不足，加之缺乏运动所引起。当发现种公猪过肥时，应当减少能量饲料喂量，增喂青饲料，加强运动。如果种公猪过瘦，则说明营养不足或配种过度，则应及时调整饲粮和控制配种次数。

如果母猪实行全年均衡分娩，公猪配种任务比较均匀，全年都要维持公猪配种所需要的营养水平。母猪实行季节性分娩的猪场，在配种开始前 1 个月就应逐步提高公猪的营养水平。配种季节保持较高的营养水平，配种季节结束以后，再逐渐适当降低营养水平。配种期间每天可加喂 2～4 枚鸡蛋或小鱼、小虾等动物性蛋白质饲料，以保证良好的精液品质。冬季寒冷时，饲粮的营养水平应比饲养标准提高 10%～20%。

饲喂公猪以精料为主，饲料体积不应过大，防止腹部下垂影响利用。可以采用干料或湿拌料，可以喂给适量的青绿饲料(注意清洁卫生)，供给充足的清洁饮水。

3. 种公猪的管理

(1)饲养方式　可分为单圈饲养和小群饲养 2 种。单圈饲养可以减少猪只间的干扰，减少相互爬跨而造成的精液损失，因而可节省饲料。小群饲养公猪必须是从小合群，一般每圈 2 头，最多不超过 3 头，小群饲养、合群运动，可充分利用圈舍，节省人力，提高效益。合群饲养的公猪在配种后休息 1～2 个小时之后气味消失再回到群内，以免引起同群猪的不安。

(2)合理运动　运动可以促进公猪的食欲、增强体质、避免肥胖、提高性欲和精液品质。运动不足，会使公猪贪睡、肥胖、性欲低、四肢软弱且多肢蹄病，影响配种效果。种公猪除在运动场自由运动外，每天还应进行驱赶运动，上、下午各运动 1 次，每次行程 2 千米。夏季可在早、晚凉爽时进行，冬季可在中午运动 1 次，如果有条件可利用放牧代替运动。目前，在一些工厂化猪场没有运动条件，不进行驱赶运动，所以种公猪淘汰率增加，缩短了种用年限，一般只利用 2 年左右。

(3)刷拭和修蹄　每天定时用刷子刷拭猪体，热天结合淋浴冲洗，可保持皮肤清洁卫生，促进血液循环，可以减少皮肤病和外寄生虫病。同时，也是饲养员调教公猪的机会，使种公猪温驯，听从管理，便于采精或辅助配种。蹄不正常会影响活动和配种，对不良的蹄形进行修蹄。要注意保护猪的肢蹄，对坚硬的地面可以铺上垫草或锯末。

(4)防暑降温　高温情况下公猪的食欲下降、性欲减退，精液品质明显下降，采精量减少。夏季高热地区一定要采取综合措施，做好防暑降温工作。尤其要重视猪舍本身结构的隔热性能。夏季强烈的太阳辐射会将热传到舍内，要提高屋顶的隔热性能，如采用隔热材料制作屋顶，目前有许多猪场屋顶用木板、聚苯板等隔热材料，效果较好。在公猪圈舍上方搭建棚架，圈舍周围种植一些攀爬植物，或在棚架上铺上树枝，以起到防止阳光直射而降低猪舍环境温度的作用，特别是敞开式猪舍，更应采取遮荫措施来防止阳光直射。加强通风是防暑降温的重要措施。应用较广泛的是自然通风，但是当温度过高时效果较差，可采用淋浴与机械通风相结合的方式，还可应用湿帘通风系统。此外，要供给充足的饮水，水温较低的井水效果更好。在饲料里添加抗应激添加剂、电解质、多种维生素可减少热应激的不良反应。

(5)定期检查精液品质和称重　实行人工授精的公猪，每次采精都要检查精液品质。如果采用自然交配，每月也要检查 1～2 次精液品质，特别是后备公猪开始使用前和由非配种期转入配种期之前，都要检查精液2～3次，严防死精公猪参加配种。种公猪应定期称量体重，可检查其生长发育和体况。根据种公猪的精液品质和体重变化，调整日粮的营养水平和饲料喂量。

(6)防止公猪咬架　公猪好斗，如偶尔相遇就会咬架。公猪咬架时应迅速放出发情母猪将公猪引走，或者用木板将公猪隔离开，也可用水猛冲公猪将其撵走。最主要的是应预防咬架，如不能及时平息，会造成严重的伤亡事故。

(7)建立良好的生活制度　饲喂、采精或配种、运动、刷拭等各项作业都应在大体固定的时间内进行，利用条件反射养成规律性的生活制度，便于管理操作。

(二)妊娠母猪的饲养管理

饲养妊娠母猪饲养管理的好坏，直接关系到胚胎的生长发育、产仔数、初生重、仔猪成活率、日增重，母猪的泌乳力和下一个繁殖周期的发情配种。

1. 妊娠母猪的生理特点

(1)母猪增重与代谢　随着妊娠期的延长，母猪的体重增加，机体代谢活动增强。妊娠增重是动物的适应性反应。在喂给妊娠母猪和空怀母猪相同饲粮的情况下，妊娠母猪增重高于空怀母猪9～16千克。这种现象称为妊娠合成代谢。因为母猪在妊娠期间，由于孕激素的大量分泌，机体代谢活动加强，在整个妊娠期代谢率增加10%～15%，后期更高，可达30%～40%。

(2)胎儿、胎盘和子宫增重　在妊娠期间，胎儿的生长发育有一定规律。一般可分为前期、后期2个阶段。妊娠开始至70天，为前期阶段，此时主要形成胚胎的组织器官，胎儿本身绝对增重不大，而母猪自身增加体重较多；妊娠70天后至妊娠结束为后期阶段，此阶段胎儿增重加快，初生仔猪重量的70%～80%是在妊娠后期完成的，并且胎盘、子宫及其内容物也在不断增长。同时，乳腺细胞也是在妊娠最后阶段形成的。

据母猪自身妊娠生理特点，通常将妊娠期分成 3 个阶段。第一阶段为妊娠的 1～21 天，称为妊娠前期，为胚胎着床及存活阶段；第二阶段为妊娠的 22～80 天，称为妊娠中期，是母体发育及体况恢复阶段，也是胎儿肌纤维形成时期；第三阶段为妊娠 80 天以后，称为妊娠后期，该期是胎儿发育最快的时期，其中分娩前的 1 周左右又称为围产期。因此，妊娠母猪应根据妊娠不同时期的生理特点及对日粮的不同需求，进行饲养管理。

2. 妊娠母猪的饲养

(1)妊娠母猪的营养需要　妊娠初期胎儿发育较慢，营养需要不多，但在配种后 21 天左右，必须加强妊娠母猪的护理并要注意饲料的全价性，否则就会引起胚胎的早期死亡。因为卵子受精后，受精卵沿着输卵管向子宫移动，附值在子宫黏膜上，并在周围形成胎盘，由于没有保护物，对外界条件的刺激很敏感，这时如果喂给母猪发霉变质或有毒性的饲料，胚胎易中毒死亡。如果母猪日粮中营养不全面，缺乏矿物质、维生素等，也会引起部分胚胎发育中途停止而死亡。由此可见，加强母猪妊娠初期的饲养，是保证胎儿正常发育的第一个关键时期。

妊娠后期，尤其是妊娠的最后 1 个月，胎儿的发育很快，日粮中精料的比列应逐渐增加，以保证胎儿的营养需要，也可让母体积蓄一定的养分，以供产后泌乳的需要。因此，加强妊娠后期的饲养，是保证胎儿正常发育的第二个关键性时期。所谓妊娠母猪“抓两头”就是这个道理。

(2)妊娠母猪的饲养方式　我国群众在生产实践中，根据妊娠母猪的营养需要、胎儿发育规律以及母猪的不同体况，分别采取以下不同的饲养方式。

①“抓两头带中间”的饲养方式　对断奶后膘情差的经产母猪，从配种前几天开始至妊娠初期阶段加强营养，前后共约 1 个月

加喂适量精料，特别是富含蛋白质的饲料。通过加强饲养，使其迅速恢复繁殖体况，待体况恢复后再回到青粗饲料为主饲养，到妊娠80天后，由于胎儿增重速度加快，再次提高营养水平，增加精料喂量，既保证胎儿对营养的要求又使母猪为产后泌乳贮备一定量的营养。

②“步步登高”的饲养方式　对处于生长发育阶段的初产母猪和哺乳期间配种的母猪，整个妊娠期的营养水平及精料使用量，按胎儿体重的增长，随妊娠期的增进而逐步提高。

③“前粗后精”的饲养方式　对配种前膘情好的经产母猪可以采取这种饲养方式。即在妊娠前期胎儿发育慢，母猪膘情又好者可适当降低营养水平，日粮组成以青粗饲料为主，相应减少精料喂量；到妊娠后期胎儿发育加快，需要营养增多，再按标准饲养，以满足胎儿迅速增长的需要。

(3)妊娠母猪的日粮配合　在实际生产中，妊娠母猪的饲粮组成可以有精料型和青粗料型2种类型。精料型饲料由谷实、饼粕、糠麸、草粉、矿物质饲料、微量元素添加剂和复合维生素添加剂等组成。喂量可根据母猪的体重、气候条件灵活掌握，以保证母猪具有不肥不瘦的种用体况为准。

如果青饲料、青贮料、糟渣类饲料丰富，再适当搭配精料，按妊娠期母猪的饲养标准配合成青粗饲料型饲粮，饲喂妊娠母猪可以节省精料，降低饲养成本。

3. 妊娠母猪的管理　妊娠母猪管理好坏直接影响胚胎存活和产仔数。因此，在生产上必须注意以下几方面的管理工作。

(1)避免流产　妊娠母猪在妊娠后期宜单圈饲养，防止相互咬架、挤压造成死胎和流产。不可鞭打、追赶和惊吓妊娠母猪，以免造成机械性损伤引起死胎和流产。要勤观察母猪是否有流产痕迹，是否有返情的母猪，要及时调出，避免爬跨其他母猪，造成不必要的机械流产；母猪耳标是否有脱落的，要及时补打；母猪是否有外伤,及时隔离治疗。

(2)注意环境卫生、预防疾病　猪比较喜好干净卫生的环境,饲养人员首先要抓好母猪的定位工作,让它定点排粪尿,日后母猪会养成很好的卫生习惯,减少疾病的发生。猪是群居性动物,每头猪躺卧占地面积约1.5平方米左右,每个圈舍饲养3～4头,每头猪要有足够的休息空间。母猪分群饲养时,要大小分开,强弱分开,病残猪只单独饲养,以避免饲喂时争食、咬架,相互咬伤等。猪喜凉怕热,妊娠母猪适宜的温度为10℃～28℃。由于母猪体脂较高,汗腺又不发达,外界温度接近体温时,母猪会忍耐不了,出现腹式呼吸,同时体内胎儿得不到充足的氧,出现流产,死胎、木乃伊胎增加。要勤观察饮水器是否有水,饲槽、水管、圈栏、地面、漏粪板是否有破损,要及时调圈修理。要定期通风换气,调控舍内温度、湿度,降低舍内氨气、甲烷等有害气体的浓度。盛夏酷暑季节,要做好防暑降温。冬季要搞好御寒保温,防止母猪感冒发热造成胚胎死亡或流产。尤其是冬季,通风换气与保温相矛盾,往往忽略了通风换气工作。凡是引起母猪体温升高的疾病如子宫炎、乳房炎、乙型脑炎、流行性感冒等,都是造成胎儿死亡的重要原因。因而要做好圈舍的清洁消毒和疾病预防工作,防止子宫感染和其他疾病的发生。

(3)做好母猪的消毒、免疫、驱虫、灭虱等工作　妊娠母猪常规每周带猪消毒3次,采取隔日消毒。消毒药物有氯制剂、酸制剂、碘制剂、季胺盐类、甲醛、高锰酸甲等。老场要求用强消毒剂,季胺盐类消毒剂多用于母猪上床清洗及新场的日常消毒。带猪消毒切记浓度过大,一定要按标准配制消毒液,喷雾消毒,消毒要彻底,不留死角。猪舍门口消毒池内的消毒液每天更换1次。空舍净化消毒程序为:清理－火碱闷－冲洗－熏蒸－消毒剂消毒。

妊娠期的母猪做免疫接种,一定要考虑母猪对疫苗的反应。比如,母猪对口蹄疫疫苗(尤其是亚Ⅰ型口蹄疫疫苗)的反应就很明显，免疫后体温升高，不采食等。建议对刺激性强的疫苗，后期母猪要推迟免疫，待产后补免。有的疫苗注射后，个别猪只甚至出现休克死亡，要求免疫后饲养人员要勤观察，发现问题，及时汇报兽医人员，并辅助兽医人员及时抢救，减少损失。

蛔虫、猪虱最容易传染给仔猪，在母猪配种前应进行 1 次药物驱虫，分娩前 2 周驱虫对减少仔猪的寄生虫感染有较好效果。妊娠期间还可以喷洒药物杀灭体表寄生虫，如 0.25%～0.05%的双甲脒溶液。

(4)防止突然更换饲料　更换妊娠母猪饲料，一般需要经过 5～7 天过渡期。母猪从产前 10～15 天起，即需将饲料种类逐渐更换成产后饲料。更换饲料切忌突然更换，以防止引起母猪便秘、腹泻，甚至流产。

(5)适当增加饲喂次数　母猪妊娠后期适当增加饲喂次数，每次不能喂得过饱，以免增大腹部容积，压迫胎儿造成死亡。母猪产前减料是防止母猪乳房炎和仔猪腹泻的重要环节，必须引起足够重视。

(6)适当运动　妊娠母猪要有适当的运动。无运动场的猪舍，要赶至圈外运动。在产前 5～7 天应停止驱赶运动。

饲养妊娠母猪，要求饲养人员要温和耐心细致，不要打骂惊吓母猪，培养母猪温驯的习惯，以利于泌乳阶段带好仔猪。饲养好妊娠母猪是猪场保持正常生产的重要环节，只要我们把各项工作做到位，就会给我们带来丰厚的回报。

(三)围产期母猪的饲养管理

1. 母猪分娩前的准备

(1)临产母猪的饲养与护理　产前 5～6 天应适当减少饲料喂量，以防止胃肠内容物过多，压迫子宫内的胎儿，引起早产和死胎。并喂给麸皮粥等轻泻性饲料，防止产后初期猪患乳房炎、仔猪腹泻,也可避免母猪便秘。饲养员应多接触母猪,并按摩母猪乳房,这有利于产后泌乳、接产和对仔猪的护理。

(2)分娩舍的准备　分娩舍用消毒液喷雾消毒。妊娠母猪在产前 7 天进入产栏,过晚进栏,母猪精神紧张,易影响正常分娩。

分娩舍要卫生良好,小气候适宜,产栏舒适。冬、春季产仔时,注意检查分娩舍的保温。仔猪最适宜的温度为 22℃～23℃,若温度低时可用红外线灯或其他方式取暖。夏秋季节注意检查防暑和通风条件,若通风不好,温度越高,湿度越大,仔猪发病率就越高。

(3)接产用具和药物的准备　准备好接产的用具、药品,如萝筐、碘酊、来苏儿、高锰酸钾、酒精、结扎线、产仔记录簿、秤、耳号钳子等。

2. 临产征兆　妊娠母猪临产前 20 天,肚子特别大,乳房开始由后向前逐渐膨大;产前 1 周,乳房膨胀、色红而发亮,初产母猪红肿得更严重;产前 3～5 天,奶头开始发硬,用手挤压,可以在中部两对乳头挤出少量清亮液体;产前 1～2 天,就可以从乳头挤出 1～2 滴初乳来;产前 12 小时,可以从前部乳头挤出 1～2 滴初乳。如果能从后部乳头挤出 1～2 滴初乳,而能在中、前部乳头挤出更多的初乳,则表示在 6 小时左右即将分娩。

分娩前 3～5 天,母猪外阴部开始发生变化,其阴唇逐渐柔软、肿胀、增大,皱襞逐渐消失,阴户充血而发红;与此同时,骨盆韧带松弛变软,有的母猪尾根两侧塌陷。临产前,子宫栓塞软化,从阴道流出。在行为上母猪表现出不安静,时起时卧,在圈内来回走动,但其行动缓慢谨慎,待到出现衔草做窝、起卧频繁、频频排尿等行为时,分娩即将在数小时内发生。如母猪躺卧,四肢伸直,每隔 1 小时左右发生阵痛 1 次,且间隔时间越来越短,全身用力努责,阴户流出羊水,则很快就产出第一头仔猪。饲养人员必须经常注意,这时接产人员应准备接产。

3. 接产技术　仔猪出生后应连同脐带移到比较安全的地方,

用0.01%高锰酸钾液(温水)浸洗1分钟,再用洁净的布、毛巾擦去口、鼻黏液,抹干皮肤。距腹壁3厘米处掐断仔猪脐带(须防止出血和断端细菌感染),然后涂碘酊消毒。

仔猪要尽早哺乳,可采取"随生随哺"的方法。早哺乳对恢复仔猪体温、加速母猪分娩及促进母仔亲和性均有好处。如果待全窝仔猪产完一同哺乳,应注意母仔隔离时间不能太长,否则影响母猪泌乳和母性。

为新生仔猪创造适宜的环境温度,温度保持在33℃～34℃。仔猪应剪除犬齿(上下齿左右各2枚),以免咬伤其他仔猪和母猪乳头。剪时应从齿根剪掉,但不能伤牙根组织。

一般母猪产仔结束后30分钟至1小时,胎衣开始排出,通常4小时左右排完,也有的母猪在生后随即排出。每头仔猪胎衣重200～300克(地方猪种150克左右)。若排出的胎衣有缺损或重量太少,应注意防止因胎衣不下而导致子宫炎。

仔猪出生后,全身发软,张嘴喘气,甚至不呼吸,但脐带基部和心脏仍在跳动,这样的仔猪为假死仔猪。假死原因包括:黏液堵塞气管,仔猪在产道内停留过久(母猪过肥、老母猪或新母猪发生较多),胎位不正,产时胎儿脐带受到压迫或扭转,脐带在产道内拉断,仔猪被胎衣包裹。

一般来说,凡心脏、脐带跳动有力的都能救活。首先迅速清除呼吸道障碍物。用毛巾或柔软垫草将仔猪口、鼻的黏液擦去,对准仔猪鼻孔吹气,或往口中灌点水。进行人工呼吸,效果较好。主要方法有3种:用力按摩仔猪的两侧肋部,促使呼吸道畅通;倒提仔猪后腿,用手连续轻拍其胸背部;用两手分别托住仔猪的头部和臀部,腹部向上,一屈一伸。如能在38℃～39℃温水中做人工呼吸,效果更好(注意头部不要浸入水中)。上述方法可交替使用。抢救过来的假死仔猪一般较弱,必须人工辅助哺乳,直至能正常吮乳。

4. 母猪难产以及处理　母猪分娩过程中,胎儿因多种原因不能顺利产出，称为难产。如不及时采取措施，可造成母仔双亡，即使母猪幸免生存下来，也常易发生生殖器官疾病而导致不育。

(1)难产表现

①分娩开始难产　母猪闹栏结束侧卧后长时间不产，阵缩和努责次数多，弓背或呻吟，起卧不安等。

②分娩中间难产　母猪顺产几头仔猪后，长时间不再产，

(2)难产原因　母猪骨盆发育不全，产道狭窄，初产和配种过早的母猪多见。死胎多或分娩缺乏持久力，子宫弛缓，老龄母猪、过肥母猪、营养不良和近亲交配的母猪多见。胎位异常，胎儿过大或习惯性流产。

(3)难产处理措施　①对老龄体弱、分娩力不足的母猪，可进行肌内注射催产素(脑垂体后叶素)10～20 单位，促进子宫收缩，必要时可注射强心剂。如 30 分钟左右胎儿仍未产出，应进行人工助产。人工助产具体操作：将指甲剪短、磨光，以防损伤产道；手和手臂先用肥皂水洗净，用 2% 来苏儿液(或 1% 高锰酸钾液)消毒，再用 70%酒精消毒，然后在已消毒的手和手臂上抹清洁的润滑剂，母猪外阴部也用上述浓度的药液消毒；趁母猪努责间歇时将手指尖合拢呈圆锥状，手臂慢慢伸入产道握住胎儿适当部位(眼窝、下颌、腿)后，随着母猪每次努责，缓慢将胎儿拉出。②对于母猪羊水排出过早、产道干燥、产道狭窄、胎儿过大等因素引起的难产，可先向母猪产道中注入生理盐水或清洁的润滑剂，然后按上述方法将胎儿拉出。③对胎位异常引起的难产，可将手伸入产道矫正胎位，待顺胎后拉出。如果无法矫正胎位或其他原因使拉出有困难时，可将胎儿的某些部分截除，分别取出，或施行剖宫产。在整个助产过程中，要尽量防止产道损伤或感染。助产后应给母猪注射抗生素药物，防止细菌感染。

(四)哺乳母猪的饲养管理

1. 哺乳母猪的饲养　母乳是仔猪生后3周内的主要营养来源,是仔猪生长的物质基础。养好哺乳母猪,保证它有充足的乳汁,才能使仔猪健康成长,提高仔猪的断奶窝重,并保证母猪有良好的体况,仔猪断奶后母猪能及时的发情配种,顺利进入下一个繁殖周期。母猪哺乳期失重属于正常现象,一般泌乳力越高的母猪失重越多,但失重多少和哺乳期营养水平和母猪采食量有很大关系。哺乳的高能量消耗,必然导致母猪在泌乳期体重下降。这和母猪前期产奶多,后期产奶少的泌乳规律是一致的。如果哺乳期体重下降幅度太大,则会影响断奶后正常发情配种和下一胎的产仔成绩。因此,无论从保持哺乳母猪的正常体况,还是从提高仔猪断奶窝重考虑,都必须加强哺乳母猪的饲养。

母猪乳房结构的特点是没有乳池,不能贮存乳汁,也不能随时排乳。哺乳时,靠仔猪吮吸刺激下才能放乳,而且每次放乳时间又很短。母猪产后头3天乳为初乳,3天后为常乳。初乳中的干物质和蛋白质含量高,并且含有免疫球蛋白,可提高仔猪抗病力。不喂初乳的仔猪很难成活。初乳中的脂肪,乳糖,矿物质低于常乳。

母猪整个泌乳期为2个月,其泌乳量随着分娩后日龄的推移,由少至多,在第五天开始上升,泌乳高峰一般在产后20～30天,以后逐渐下降。所以,为提高母猪泌乳量,必须抓好产后头1个月的营养。

母猪的泌乳量受到胎次的影响,一般母猪第一胎产奶量较低,以3～5胎的产奶量最高,6～7胎以后下降。

哺乳母猪的饲料配合应多样化,易消化,营养全面,适口性好。同时要求哺乳期饲料应保持相对稳定,以免母猪不适应造成减食,影响母猪泌乳。为保持母猪良好的食欲和必需的采食量,可采取日喂3次。青绿多汁饲料适口性好,容易消化,含维生素丰富,蛋白质品质也优良，并且有催乳作用，可显著地提高母猪泌乳力，可适当多喂些。猪乳中含有80%的水分，因此应保证饮水供应，让母猪自由饮水，不喂冰水。切忌饲喂霉烂，腐败和变质饲料，以免引起母猪和仔猪腹泻，或诱发其他疾病，严重者还会中毒死亡。

注意催乳与压乳。对泌乳量少的母猪，应分析原因，改进饲养管理，进行人工催乳，如适量增加精料喂量，或增加富含蛋白质的催乳饲料，或用药物催乳。对产后泌乳过多，过浓的母猪，可适当减少精料饲喂量，以免引起仔猪消化不良、腹泻和母猪发生乳房炎。在仔猪断奶后的2～3天，应不急于加料，等母猪乳房的皮肤出现皱襞，说明已经回奶，再适当加料，以促使母猪早发情和多排卵。

根据母猪的泌乳规律，饲养方法宜采用逐渐加料和逐渐减料的办法。分娩当天，需保证供给充足饮水，为防止乳房炎、产褥热、仔猪腹泻，可喂麸皮粥(0.5千克麸皮加水5升)或稀粥料或优质青饲料。第二天喂精料1.5千克左右，以后每天增加0.5千克，产后1周达到正常饲养标准，精、青饲料比1∶3～5。产后7天内，可1日喂3餐，以后1日喂4～5餐，最后一餐在晚上9时左右饲喂，并加大喂料量，防止夜间因饥饿影响泌乳。注意分娩前的减料和分娩后的逐步加料，保证母猪产后泌乳量逐步上升，从分娩后第七天起，自由采食。要避免产后加料过急的现象，在很多猪场，产后由于母猪1天未采食，且体能消耗大，于是产后采食量高，采食过多却身体虚弱，消化不良，而引起以后几天不食，严重的会呕吐，还以为是炎症，即使可以消化，也易产生乳房炎、产褥热、仔猪腹泻等问题。

哺乳期饲料应保证较高的能量和蛋白质水平，注重蛋白质的质量。饲料中应有鱼粉，添加5%左右的大豆磷脂等脂肪性饲料。适当饲喂青绿多汁饲料，供应充足的饮水。断奶前后，母猪应逐渐减少喂量。断奶前1周由5千克以上逐渐减至2千克，甚至1千克，断奶当天可不喂，这样既可促使仔猪多采食所补饲的颗粒料，又可防止断奶后发生乳房炎。

要避免饲料中连续使用抗生素，建议采用脉冲式给药，分娩前、后 1 周用药，注意剂量不能太大，目前常用的有金霉素、支原净(泰妙菌素)等。

2. 哺乳母猪的管理　哺乳母猪的正确管理，对保证母仔的健康、提高泌乳量极为重要，应注意做好以下管理工作。

哺乳母猪舍一定要保持清洁干燥和通风良好，冬季要注意防寒保暖。母猪舍最适宜的环境温度为 16℃，在生产中，力求控制在 15℃～25℃。肮脏、潮湿，特别是舍内空气湿度过高，常会使仔猪患病和影响增重。因此，在确保猪舍内干净卫生的情况下，尽量减少用水冲洗。舍内湿度偏高时，要适度通风调节。合理运动和让猪多晒太阳是保证母仔健康、促进乳汁分泌的重要条件，产后 3～4 天应开始让母猪带领仔猪到运动场内活动。

注意保护好哺乳母猪的乳房和乳头。仔猪吸吮对母猪乳房乳头的发育有很大影响。特别是头胎母猪一定要注意让所有乳头都能均匀利用，以免未被利用的乳头发育不好，影响以后的泌乳量。当新生仔猪数少于母猪乳头数时，应训练仔猪吃 2 个乳头的奶，以防剩余乳房萎缩。经常检查乳房，如发现乳房因仔猪争乳头而咬伤或被母猪后蹄踏伤时，应及时治疗。冬天还要防止乳头冻伤。腹部下垂的母猪，在躺卧时常会把下面一排乳头压住，造成仔猪吃不上奶，可用稻草捆成长 60 厘米左右的草把，垫在母猪的腹下，使下面的乳头露出来，便于仔猪吮乳。腹部过分下垂的母猪，乳头经常拖在地上，应注意地面的平整，并经常保持地面清洁。注意观察母猪膘情和仔猪生长发育情况。如果仔猪生长健壮，被毛有光泽，个体之间发育均匀，母猪体重虽逐渐减轻但不过瘦，说明饲养管理合适。如果母猪过肥或过瘦，仔猪瘦弱发育不良，说明饲养管理存在问题，应及时查明原因，采取补救措施。

产房内的温度、湿度控制和搞好卫生是保证母猪产好仔，仔猪成活率高的关键。

产房环境卫生控制的核心是搞好整个舍内的清洁卫生，前一批仔猪转走后，必须把产床冲洗干净，特别是角落处，以方便兽医消毒待下一批母猪产仔，母猪临产前 7 天左右转入产床后，饲养员必须抓紧时间在临产 2～3 天把母猪全身的粪便、身上的老皮及杂物清洗干净，这样可避免"疾病的母体垂直感染"。仔猪吃初乳前必须用高锰酸钾水擦洗母猪乳房，使仔猪吃奶时不接触粪便，防止"病从口入"。做好以上卫生工作后，母猪产仔后 3～5 天不用水冲洗该产床，只是随时把产床上的粪便清除，5 天后可以逐渐用水冲洗。平时每天上、下午各搞 1 次清洁卫生。

3. 产后无乳及处理措施

(1)母猪缺乳或无乳　在哺乳期间，有个别母猪在产后缺乳或无乳，导致仔猪发育不良或饿死。缺乳或无乳原因主要有膘情差或过肥以及年龄太大。母猪营养不良，过度瘦弱，年老体衰，生理功能衰退；或母猪过肥，乳房被脂肪填充，对仔猪吮吸刺激弱；或配种过早，乳房和乳腺发育不全，或母猪产后患子宫炎、乳房炎、高热等造成无乳。有时个别母猪的个别乳头孔内有乳塞现象，饲养人员可用手用力挤压，挤出乳塞后就能吸出乳。对于乳头孔闭锁(由于褥草中有一种叫文伞梗孢子菌的真菌，它引起乳头顶皮肤发生化脓性坏死炎症，从而使乳房乳头孔结痂而闭锁)，仔猪拱乳又无力，不能正常放乳时，饲养员在仔猪拱乳时，用手掌帮助按摩乳房，同时用嘴发出类似仔猪吃乳的"啧啧声"，这样可使母猪正常放乳，吃过几次，当仔猪吃饱体力增强后，就能用力拱乳，母猪即能正常放乳。也可尝试以下催乳方法：①先将母猪与仔猪暂时分开，每头母猪用 20 万～30 万单位催产素肌内注射，用药 10 分钟后让仔猪自行吃奶，一般用 1～2 次药即可达到催乳效果；②花生仁 500 克，鸡蛋 4 枚，加水煮熟，分 2 次喂给，1 天后就可催乳；③将活泥鳅或鲫鱼 1 500 克加生姜、大蒜适量及通草 5 克，煎水搅拌连喂 3～5 天，催乳效果很好；④用王不留行 35 克、通草 20 克、穿山甲 20 克、白术 30 克、白芍 20 克、黄芪 30 克、当归 20 克、党参 30 克，水煎加红糖喂服；⑤用木通 30 克、茴香 30 克，水煎后拌入少量稀粥，分 2 次喂服。

(2)母猪拒绝仔猪哺乳　母猪拒乳有下列几种情况。

其一，母猪缺乳或少乳，仔猪总缠着母猪吮吸乳头，使母猪不安，乃至乳头发痛而拒绝哺乳。此种情况需要提高母猪饲料营养水平，添加充足的催乳饲料，母猪乳汁分泌量增加，拒乳现象可以消失。

其二，母猪患乳房炎或乳房擦伤，或因个别仔猪犬齿太长、太尖，哺乳时乳房疼痛而拒乳。此种情况需请兽医及时治疗。

其三，初产母猪没有哺乳经验而不哺乳，对仔猪吮吸刺激总是处于兴奋和紧张状态而拒绝哺乳。生产上可采取醉酒法，用白酒 100～200 毫升拌适量精料一次喂给哺乳母猪，然后把仔猪捉去吃奶，或肌内注射盐酸氯丙嗪(冬眠灵)，每千克体重 2～4 毫克，使母猪睡觉，也可在母猪躺卧时，用手轻轻抚摸母猪腹部和乳房，然后再让仔猪吸乳。经过几次哺乳，母猪习惯后，就不再拒乳。

(3)母猪吃小猪　生产中个别母猪有吃小猪现象，究其原因有以下 2 种情况：一是有的母猪吃过死小猪，生胎衣或泔水中的生骨头，初生小猪的味道与其相似；二是母猪产仔后非常口渴，又得不到及时的饮水，别窝小猪串圈入此圈，母猪闻出气味不对，先咬伤，咬死后吃掉，或由于母猪缺乳，造成仔猪争奶而咬伤乳头，母猪因剧痛而咬伤仔猪，有时咬伤，咬死后吃掉。消除母猪吃小猪的办法是：供给母猪充足营养，适当增加饼类饲料，多喂青绿多汁饲料，每天喂骨粉和食盐，不喂有生骨肉的泔水。让母猪产前、产后充足饮水，产后及时处理掉胎衣和死小猪，不让仔猪串圈等。

(五)后备母猪与空怀母猪的饲养管理

1. 后备母猪的饲养管理 后备母猪培育的目的在于使它们在 6～8 月龄达到成年体重的 40%～50%,有八成膘,均能正常发情配种。

后备母猪应按照营养标准喂给钙、磷水平较高的日粮,供给充足的维生素、微量元素,促进骨骼的健康发育,保证肢蹄健康。培育品种及其杂交后备母猪日粮应含有 15%～17%的粗蛋白质,0.9%左右的钙和 0.7%左右的磷。

后备母猪的喂料量根据其膘情确定,日喂料量为 2～3 千克。后备母猪应保持中等偏上膘情,正常膘情的后备母猪日喂量为 2.5 千克。过肥和过瘦均会导致不发情或不受胎。一般体重在 90 千克以前自由采食,让其充分发育,90 千克以后根据膘情实行限制采食。

后备母猪 6 个月龄应进入配种母猪舍,以适应新环境,便于观察发情。一般小群圈养,每圈 4～6 头。群养有利于小母猪发情。增加与公猪接触也可以刺激发情。对于通过营养、药物或其他方式催情而仍不发情、年龄超过 9 个月的后备母猪,应做淘汰处理。

后备母猪要加强运动,以增强体质,锻炼肢蹄,猪舍环境要控制好,注意防高温,加强通风,降低有害气体浓度。

猪场应对后备母猪进行发情记录,记录母猪的发情开始、结束时间,可用卡片形式悬挂于圈内。后备母猪进入配种舍后,应每天用试情公猪试情 2 次。

科学研究发现,后备母猪配种前短期优饲,有利于促进发情和排卵。可在饲料中添加一定量的优质动物蛋白质饲料,如鱼粉,适当提高饲料喂量。优饲的时间安排在配种前 2 周开始。生产中,在第二次发情 1 周后开始优饲。优饲至配种结束,恢复正常营养水平与饲喂量。

2. 空怀母猪的饲养管理　空怀母猪是指成年以及仔猪断奶后尚未受胎的母猪。将断奶的母猪小群饲养，有利于母猪的发情和配种。

空怀母猪要供给营养全面的饲料，除蛋白质饲数量与质量含量满足要求外，各种矿物质、维生素，尤其是钙、磷、锌、维生素 A 和维生素 D、维生素 E 要充足，使母猪保持良好体况。断奶 2～3 天后短期优饲，有利于母猪体况恢复、促进发情排卵。大多数情况下，空怀母猪饲喂哺乳母猪料，日喂量要根据体况增减，使母猪保持中等膘情，体况较差的空怀母猪要增加喂量，较肥母猪应减少喂量。

做好空怀母猪的发情观察和鉴定，适时配种。母猪一般断奶后 5～7 天就开始发情，此时配种受胎率高。一个情期内可配 2～3 次。

空怀母猪同样需要适宜的环境，包括防暑降温、通风等。否则将影响发情排卵和配种受胎。有条件可适当运动。

二、仔猪的饲养管理

与种猪饲养管理一样，仔猪培育是另外一个猪健康高效养殖的关键环节。让仔猪处于康乐状态中成长，顺利渡过初生关和断奶关，促进保育仔猪生长，不仅可以提高经济效益，更是健康养殖的主旨和生产安全猪肉的前提。

（一）哺乳仔猪的培育

哺乳仔猪是指从出生到断奶的仔猪。该阶段死亡率较高，可达 10%～25%。适宜的环境和良好的饲养管理对该阶段的仔猪非常重要。

猪的妊娠期较短，平均仅为 114 天，在经历分娩过程从母猪子宫来到外界环境中，在 3 个方面发生骤然的变化：由母体供血、供氧到呼吸和血液循环系统自主工作；由母体内的无菌环境到复杂的自然界；由恒定体温到体温自身调节。如果此阶段未能提供适宜的环境和科学的饲养管理，尤其是在寒冷的冬春季节，就会有较高的死亡率。

1. 哺乳仔猪的生理特点

(1)生长发育快，新陈代谢旺盛　哺乳仔猪体重增长快是生长强度最大的时期。10 日龄体重是初生重的 2 倍以上，30 日龄体重增长 5～6 倍，60 日龄增长 10～13 倍。这样强烈的生长是以旺盛的物质代谢为基础的，一般出生后 20 天的仔猪每千克体重每天要沉积蛋白质 9～14 克，相当于成年猪的 30～35 倍，钙、磷代谢也很旺盛，对营养不全特别敏感。因此，所提供的营养物质不仅在数量上，而且在质量上满足仔猪的要求。

(2)消化器官不发达，消化功能不健全　初生仔猪的消化器官相对重量和容积较小，结构和消化功能不完善。初生仔猪胃内仅有凝乳酶，胃底腺不发达，不能分泌盐酸，缺乏胃蛋白酶，但肠腺和胰腺分泌的胰蛋白酶、肠淀粉酶和乳糖酶的活性较高，食物主要在小肠内消化，所以初生仔猪的胃肠道不能消化植物性蛋白质，只适应于消化母乳中简单的脂肪、蛋白质和碳水化合物。乳糖酶活性很好，能较好的利用乳糖，但对蔗糖和淀粉的分解酶发育较缓慢。仔猪胃容积较小，食物通过消化道的速度很快，在 15 日龄时食物从进入胃内至完全排空的时间仅为 1.5 小时。

(3)缺乏先天免疫力，容易得病　猪的胎盘结构比较复杂，母猪的血管与胎儿的脐血管之间被 6～7 层组织隔开，限制了母体中的抗体即大分子的 γ-球蛋白通过血液向胎猪转移，使得仔猪出生时没有母源免疫抗体，不能产生先天免疫力，自身也不能产生抗体。仔猪只有靠吮吸初乳获得母体的抗体，以后过渡到自体产生抗体而获得免疫力。

初生仔猪对母乳中抗体经肠壁的胞饮作用，可直接吸收到血液中去，使血液中的 γ-球蛋白水平很快提高。出生 48 小时以后，随着肠道的发育，吸收能力显著下降。因此初生仔猪一定要及时吃上足量的初乳。10 日龄左右，仔猪自身开始产生抗体，但直到 3～4 周龄前抗体数量还很少。

(4)调节体温的能力差，怕冷　初生仔猪怕冷有 3 个方面的原因：一是毛稀、皮下脂肪少，相对体表面积大，热量散失快；二是仔猪出生时大脑皮质发育不够健全，垂体和下丘脑的反应能力较差，通过神经系统调节体温的能力差；三是体内贮存的能源较少，仅有 1%的脂肪可供利用。因此，仔猪要动员储存在肝脏和骨骼肌中的糖原，而 70%的糖原 1 天就可用尽。仔猪初生时适宜温度为32℃～35℃。随着体重和日龄的增加，所需的环境温度会逐渐降低。

2. 哺乳仔猪死亡的原因及对策　断奶前仔猪死亡率随猪场和农户管理水平和提供的环境不同而有差异，可达 10%～25%，直接影响养猪户的经济效益。导致断奶前仔猪死亡的原因很多，可大致分为疾病和非疾病因素，非疾病因素主要包括分娩窒息、出生后遭踩压、饥饿、寒冷等因素。采取有效的生产管理技术可以降低断奶前死亡率。对初生仔猪，最危险的时期是在出生后的头 3 天，调查数据显示约有 60%的断奶前死亡发生在这关键的 3 天里。

(1)疾病　仔猪死亡中约 20%是由疾病引起的，主要由腹泻、流感、副伤寒及其他传染病导致的死亡。其中，腹泻死亡率最高，主要有致病性大肠杆菌引起的黄白痢、消化功能不完善引起的生理性腹泻和寒冷季节易感染的传染性胃肠炎。为仔猪提供一个干燥、清洁的环境，对减少仔猪腹泻的发生和死亡具有重要作用。

(2)踩压　气温较低时，仔猪因寒冷喜欢向母猪靠近，而分娩后会因身体疲劳、过肥、年老引起行动不便或护仔性能较差的母猪趴卧时，仔猪不能从母猪身下及时逃走而被压死，占仔猪总数的

28%～46%。目前,国内外许多规模化猪场和农户,将母猪置于特制的分娩栏内分娩,能有效地防止仔猪因母猪的踩压致死。

(3)饥饿　因饥饿死亡的通常都是初生体重较小的仔猪,约占仔猪死亡总数的21%。初生重较低的仔猪通常在同窝中出生较晚,很难与体重较大、强壮的同伴竞争乳房周围的空间,如果得不到人为的及时护理会很快因饥饿而死。在美国,许多生产管理者都让它们安乐死,而不去尽力地挽救它们。但是分娩时和产后1天内采取相应的措施,经常检查母猪和仔猪,确保仔猪吃上足量的初乳可有效地降低因饥饿而出现的仔猪死亡。

(4)寒冷　我国大部分地区冬、春季气温都比较低,特别是夜间。新生仔猪由于体温调节能力差,如果不能及时提供保温设备,仔猪很快会因寒冷变得不活泼,不愿意吃奶,甚至冻僵或冻死。因此,在出生后1周内,为仔猪提供温暖、防风的小环境是非常重要的,

(5)分娩窒息　体型较大的母猪在分娩时容易出现仔猪因分娩时间较长引起的窒息死亡。国营新洋农场对本场5个猪场的179头分娩母猪进行观测,窒息死亡的仔猪多在第三至第八头仔猪之间产生。当分娩的时间间隔超过35分钟时,下一胎出现死仔的比例约占76%,其中的27%在产出后10分钟内发生窒息死亡。

3. 提高哺乳仔猪成活率的技术措施

(1)选择品种优良的种公、母猪　仔猪初生重与成活率、断奶的育成率及后期的生长关系十分密切。因非疾病发生死亡的猪多是出生体重较小的。国外资料报道,仔猪初生重低于0.9千克的弱小仔猪,生存机会较低,被认为是失去饲养价值的"死亡"猪。我国地方品种猪产仔数多,仔猪初生重普遍较低,许振英统计的民猪等7个地方猪种平均窝产仔数13.01头,平均初生重只有0.83千克,但哺乳仔猪的成活率明显高于瘦肉型仔猪相同初生重的成活率。实践证明,采用地方品种母猪作母本,与引入猪种进行杂交可

以提高仔猪初生重、成活率及后期的生长速度。

(2)加强妊娠及哺乳母猪的饲养管理　合理饲喂妊娠后期的母猪，保证胎儿的正常生长发育，同时控制体况，避免母猪产后乳汁过浓，对提高断奶前仔猪成活率非常重要。

(3)保证哺乳仔猪生长所需的营养来源

①早吃初乳　仔猪具有固定乳头的习性，为了使同窝仔猪都能吃到足够的初乳，可人工辅助固定乳头。初乳中有丰富营养物质和免疫球蛋白，对初生仔猪有特殊的生理作用。仔猪出生后应立即帮助吃初乳。足量的初乳不仅可以使仔猪增强体质和抗病能力，同时因为初乳中含有较多的镁盐且酸度较高，可以促进消化道活动。

②及时补铁　铁是形成血红蛋白和肌红蛋白所必需的微量元素，同时又是细胞色素酶类和多种氧化酶的成分。初生仔猪体内铁的贮存量很少，约 50 毫克(个体间变异很大)，每天需要约 7 毫克铁，母乳中含铁量很少，仔猪每天从母乳中最多可获得 1 毫克铁。应于出生后 2～3 日龄即给其补铁以避免发生营养性贫血。补铁的方法可口服和肌内注射。

③提前补料　母猪的日泌乳量，在分娩后先是逐日增加，到产后 20～30 天达到泌乳高峰，以后则逐渐下降。初生仔猪完全依靠吃母乳为生。随着仔猪日龄的增加，其体重和所需要的营养物质迅速增加。在这种情况下，只靠母乳往往不能满足仔猪迅速生长的营养需要。这时就需要给仔猪及时补充优质饲料，补充饲料的时间应在出生后 7～10 日龄开始。哺乳仔猪提早认料可促进消化器官的发育和消化功能的完善，为断奶后的饲养打下良好的基础。

给仔猪补料可分为调教期和适应期 2 个阶段。调教期的目的在于训练仔猪认料，锻炼仔猪咀嚼和消化的能力。这一阶段就应把握仔猪模仿性强、好奇心强的行为特点，以老带少，选择香甜可口的干粉料，如炒熟的黄豆、玉米、花生米或优质的商品化颗粒料等，耐心地进行诱食，但要注意控制植物蛋白质的量，以免肠道对蛋白质的不良反应引起的腹泻。这一阶段需要1周左右时间。适应期的目的在于供给部分营养物质和使仔猪的消化器官适应植物性饲料，为断奶做准备。目前，商品化的乳猪颗粒料较多，在使用时要注意选择优质、新鲜的饲料。补料的原则是少喂勤添。

④补水　仔猪补料与补水要同时进行。目前，规模化猪场一般采用乳头式饮水器给仔猪供应新鲜充足的饮水。不具备条件的要准备水槽，及时清理并供应充足的新鲜水。

(4)精心细致的饲养管理　仔猪从出生至断奶有“三关”要过。第一关是初生关。在仔猪出生后的7天以内，仔猪由温暖舒适的子宫内环境来到自然环境中，因为生理特点的因素使得这一阶段死亡率较高，需要特别照看。第二关是补料关。在仔猪8～21日龄间，给仔猪补料，使仔猪尽快适应固体植物性饲料，满足快速生长的需要，并为断奶做准备；第三关是断奶关。此时仔猪必须由吃奶过渡到吃固体饲料，并且要离开母猪，会产生较大的应激，严重的会导致死亡。因此，需要采取细致有效的饲养管理措施。

①人工辅助固定乳头　仔猪一般在出生后的18小时后就会固定乳头，但由于仔猪相互争夺和咬斗，不仅消耗大量能源，而且易咬伤母猪的乳头，往往会引起母猪厌恶，拒绝哺乳。在仔猪出生后结合自选加以人工辅助，尽快让仔猪选定乳头。特别要控制个别好抢乳头的仔猪，必要的时候，可以先把它放到一边，待其他仔猪都已经找好乳头后，再把强壮的仔猪放在指定的乳头上吃奶。这样可以使全窝仔猪增重均匀，大小一致，同时缩短争斗时间。

②寄养与并窝　在生产实践中，常会碰到有些母猪产仔过多或过少，无奶或因病死亡，此时对仔猪常用的管理措施就是并窝和寄养，母猪产期应尽量接近，最好在3天以内进行。尽量在产期相近的几头母猪间寄养或并窝，一般是将先产移入后产的窝中。如果必须后产向先产的窝寄养时，则必须挑体重大的寄养，以免体重

相差过大。猪的嗅觉很灵敏，通过嗅觉来识别仔猪。对于不是自己的孩子，多数母猪会追咬驱赶，不给哺乳，这时可在寄养或并窝的仔猪身上涂上养母的奶、尿或来苏儿，使母猪分不清是另一窝的仔猪。

③剪牙、断尾、编号　剪牙的目的是防止母猪的乳头受伤害，以及发生争斗时同窝仔猪受伤害。仔猪共有 8 个小獠牙，这些牙齿很锋利。猪场一般会在出生后尽快剪掉这些牙。操作的时候要小心，只需剪断尖端，不能伤害到仔猪的上、下颌和齿龈，否则会造成感染。对同窝中的弱仔可以保留这些牙齿，有利于其生存。

断尾是仔猪管理的常规工作，对于舍饲的猪有实际意义，可以避免后期生长阶段的咬尾。在生后不久就应用断尾器剪掉尾巴。但要注意不能剪得太短，阴门末端或阴囊中部可作为断尾长度的标线。

仔猪编号利于种猪场建立种猪档案，也便于商品猪进行猪群管理。目前国内大多数猪场采用打耳缺的方法，用专用的号钳在左右耳的固定位置，剪上缺口或圆孔，以代表一定的数字。另外，还有塑料或金属耳牌、刺耳(只用于白色猪种)等方法。此外，欧洲和美国正在试用电子猪只追踪系统——微芯片，每头猪都携带自己的记录，如繁殖、生长、健康状况，在屠宰时还可以回收。但价格较贵，而且容易从植入的地方转移到身体其他部位。目前在国内还未见使用。

④去势　商品猪场的小公猪、种猪场不能作种用的小公猪，都在哺乳期间进行去势，公猪去势后性情会变得温驯，易于管理，而且不会在猪肉中出现公猪特有的膻味。去势时间是决定去势效果的重要因素。目前各猪场对去势时间的安排各不相同。我国以往去势一直选用在 2 月龄前后进行，但这个时候存在很多弊端。目前，有的猪场采用 30～35 日龄断奶，则在 10～20 日龄去势。而在美国和欧洲去势时间会安排在出生后 3 天内进行，小猪容易把握

和控制，出血量较少，应激也较小。

常规的去势技术是利用一般的手术刀械摘除猪的生殖性腺。目前的研究表明，一些非常规的技术如免疫去势和非常规刀械去势效果较好。免疫去势后的猪不仅可获得较阉公猪高的生产水平，而且可改善其胴体构成，在临床和生产中有应用和推广的价值。

(5)*舒适的环境条件*　初生仔猪调节体温的能力差，出生后1～3日龄的适宜温度为30℃～32℃，4～7日龄为28℃～30℃，15～30日龄适宜温度为22℃～25℃，2～3月龄为22℃。目前规模化猪场一般设有产房和产床，应根据各地的气候条件，灵活设置和控制温度。要注意的是，有的猪场直接让仔猪睡于水泥地面或混凝土制的漏缝地板上，虽然室温或局部温度达到了要求，但地面的温度较低，仔猪会出现打堆现象，这时要适当铺些垫草。

仔猪适宜的湿度为65%～75%。要尽量保持舍内清洁干燥，对当天产的粪便要当天清理，减少用水冲圈次数，防止舍内湿度过大。对仔猪所用的垫草要经常更换。注意通风换气，降低室内有害气体的浓度。

(6)*必要的保健与防疫措施*　哺乳仔猪抵抗力较差，应在母猪分娩前加强母猪的免疫注射，通过初乳将抗体传递给仔猪。出生后根据猪场的实际情况，制定相应的免疫程序，并确保其按时按量执行。

(二)断奶仔猪的培育

1. 断奶日龄的选择　猪的自然断奶应发生在8～12周龄，此时母猪的产奶量降入低谷，而仔猪采食固体植物饲料的能力也较强。因此，自然断奶对母猪和仔猪都没有太大的不良影响。但是自然断奶很不经济。一般生产条件下，采用21～35日龄断奶比较合适，这时母猪产后的子宫恢复已经结束，也有利于仔猪的生长发育。也有一些猪场采用 14 日龄或更早断奶，称为超早期断奶，但这时断奶对猪场的设备及环境要求较高。

2. 断奶的方法 断奶的方法有 3 种，即一次断奶法、分批断奶法和逐渐断奶法。一次断奶即到断奶日龄将母猪牵离产房。分批断奶指根据仔猪发育情况，将体重较大的仔猪先断奶移至保育舍，将体重较小或留作种用的仔猪后断奶。逐渐断奶则是每日逐渐减少母猪的哺乳次数直至最后完全断奶。这 3 种方法各有利弊，一次断奶有利于全进全出，减少劳动力。但对母猪和仔猪都会产生较大的应激，母猪容易产生乳房炎，仔猪则会造成较强的断奶应激。后 2 种方法对母猪和仔猪的应激都较小，但是需要较多的劳动力来帮助其断奶。

3. 断奶应激发生的原因 当仔猪处于断奶应激时，其健康受到影响，对疾病的免疫力和抵抗力下降，严重影响仔猪的生长发育。断奶应激发生的原因主要为环境改变、营养来源改变和饲粮改变。

(1)环境的改变 断奶后仔猪从分娩舍转入保育舍会产生一定的应激。首先，母仔分离，仔猪离开母猪的保护变成了独立生活。保育舍仔猪群内重新组窝，为建立新的等级制度进行的相互争斗撕咬会对仔猪造成较强的应激。

(2)营养来源的改变 断奶时仔猪的营养来源发生了显著改变，从吮吸母乳变成以植物性原料为主的饲料的过程会对仔猪造成非常强的应激反应。猪母乳中富含脂肪和易于消化的酪蛋白，而饲料中的植物性蛋白质消化率相对较低，并且饲料中含有仔猪几乎完全不能消化的粗纤维。此外，由于仔猪消化功能不完善，胃酸分泌不足，采食不易消化的干饲料后会导致胃酸过高，仔猪容易发生消化不良，引起腹泻。

(3)饲粮的改变 断奶后的饲粮改变为玉米—大豆粕型，饲粮中的大豆蛋白含有能引起仔猪发生超敏反应的抗原物质，可引起局部免疫反应。对于断奶仔猪来说,大豆蛋白中引起过敏反应的主要抗原成分为大豆球蛋白和β-伴球蛋白。这两种抗原可引起仔猪发生细胞介导超敏反应,即迟发性过敏反应或Ⅳ型超敏反应,超敏反应容易引起仔猪胃肠道损伤,主要表现为小肠绒毛萎缩,隐窝增生,组织损伤引起功能上的变化,即双糖酶数量和活性的降低,肠道吸收功能下降,仔猪因而发生腹泻。

4. 缓解应激的营养措施 仔猪断奶是猪生长发育过程中一个重要环节,直接影响着仔猪断奶后的生长发育。控制好断奶关对于提高养猪经济效益至关重要。科学地配制断奶仔猪日粮满足仔猪生长发育特点和营养需要,是减少仔猪断奶应激的一项重要措施。除了提供优质全价的日粮外,建议采用以下措施来缓解断奶应激。

(1)大豆蛋白质 大豆蛋白质抗原是引起断奶仔猪肠道损伤、引起腹泻的主要原因之一。目前人们普遍采用以下措施来减轻日粮蛋白质抗原性的不利影响:大豆蛋白的加工处理,如湿法膨化及热乙醚浸提等;限制生大豆在仔猪饲粮中的用量,适当添加蛋白质补充料,如喷雾干燥血粉、大豆蛋白奶酪制品、喷雾干燥血浆蛋白等。

(2)日粮中添加油脂 仔猪断奶后饲粮结构的变化、断奶应激造成的食欲减退,采食量减少使得通过采食不能够获得足够的能量,仔猪不得不动用体脂。体脂对于断奶仔猪极为宝贵,体脂的减少不利于仔猪生长潜力的充分发挥。为此,营养学家研究把油脂添加到断奶仔猪日粮中以解决能量不足的问题。仔猪对一定量的油脂能较好地利用,油脂除了作为能量营养之外,还可延缓食物在胃肠道中的流速,延长了营养物质的消化吸收时间,从而提高了消化利用率。

(3)添加剂的使用

①添加维生素C 维生素C具有较强的抗应激作用,可以通过下丘脑－垂体－肾上腺反应轴调节应激激素皮质醇的浓度,提

高机体免疫功能，达到抗应激的目的。早期断奶仔猪血浆维生素C水平急剧下降，可能是机体合成的维生素C不够或断奶使其消耗增加，此时补充维生素C对增强抗应激能力大有俾益。

②添加低聚糖　低聚糖是一种功能性活性物质，由2～10个单糖通过糖苷键连接形成直链或支链的一类糖，不能被动物自身分泌的酶消化，但能被肠道中的有益菌利用而不被有害菌利用，从而达到调节胃肠道微生物区系的作用，增强机体免疫。

③应用中草药添加剂　为减缓断奶应激对仔猪生产性能的影响，我国学者研究出具有安神抗应激、消食导滞、增强机体免疫力、抑菌促生长作用的中草药添加剂，具有明显的促生长抗腹泻的效果。

④添加酸化剂　酸化剂能直接降低胃内pH值，抑制消化道有害微生物的繁殖，改善日粮的适口性。酸性食糜进入小肠后，刺激小肠壁，反射性地抑制胃的蠕动，减慢胃排空速度，有利于蛋白质在胃内的消化。某些酸化剂如柠檬酸、延胡索酸直接参与三羧酸循环，因而在应激时可用于体内ATP的紧急合成。目前，柠檬酸、富马酸(延胡索酸)、甲酸等酸化剂在早期断奶仔猪日粮中的作用效果已得到肯定。

⑤应用酶制剂　可以降解饲料中的抗营养因子，弥补内源性消化酶的不足，提高仔猪的消化吸收功能。目前，添加纤维素酶、半纤维素酶、果胶酶、淀粉酶和耐酸性蛋白酶等复合酶可以提高仔猪对谷物基础日粮中的蛋白质、淀粉及非淀粉多糖的消化利用率，提高仔猪的增重和饲料转化率。

5. 断奶仔猪的饲养与管理

(1)断奶仔猪的饲养　通过对哺乳仔猪早期强制性补料和断奶前减少母乳(断奶前给母猪减料)的供给，使仔猪在断奶前就能习惯采食饲料。断奶后，需要一个饲料过程期，即仔猪断奶后2周之内应保持饲料不变，仍然饲喂哺乳期饲料，2周之后逐渐过渡到断奶仔猪饲料。

仔猪断奶后3～5天最好限量饲喂,防止消化不良和腹泻。5天后可以实行自由采食。要保证饮水,断奶仔猪栏内最好安装自动饮水器,并且要使其高度合适,一般高度为25厘米左右,保证随时供给仔猪清洁饮水。

(2)断奶仔猪的管理

①分群　仔猪到断奶日龄时,将母猪调回空怀母猪舍,仔猪仍留在产房饲养一段时间,待仔猪适应后再转入仔培舍。由于是原来的环境和原来的同窝仔猪,可减少断奶刺激。也可按其体重大小、强弱进行并群分栏。合群仔猪会有争斗位次现象,饲养员要注意看管,防止咬伤。

②提供良好的环境条件　为使仔猪尽快适应断奶后的生活,充分发挥其生长发育潜力,要创造良好的环境条件。断奶仔猪适宜的环境温度为20℃～22℃。为了能保持上述的温度,冬季要采取保温措施,在夏季则要防暑降温。相对湿度尽量保持在65%～75%。环境清洁卫生,保持空气新鲜、流通。

③调教管理　饲养员要对新断奶转群的仔猪加强调教训练,使其形成理想的睡卧、排泄和采食区。

④断奶仔猪的健康控制　猪场应尽量采用全进全出的生产方式,这样有利于管理和疫病控制。刚断奶的仔猪由于自身的抵抗力较低,很容易感染各种消化道和呼吸道疾病。一般猪场会通过在断奶仔猪的饮水和饲料中添加适量的抗生素来提高仔猪的抵抗力。同时执行常规的免疫程序,但要尽量少打疫苗,特别是细菌性疫苗,以减少应激。各种疫苗的注射应在断奶后的第二周进行。

6. 仔猪早期隔离断奶(SEW)技术应用　所谓早期隔离断奶是指母猪在分娩前按常规程序进行疫病(伪狂犬病、传染性胃肠炎、繁殖与呼吸综合征、仔猪黄白痢)的免疫注射,仔猪出生后保证吃足初乳,按常规免疫程序进行预防接种,10～21日断奶,仔猪在隔离条件下饲养。要求断奶仔猪舍与母猪舍及肥育猪舍要分离开，隔离距离不一样，其范围从 250 米至 10 千米不等。最初是由美国养猪业在 1993 年开始试行，全称为 Segregated Early Weaning，简称 SEW。我国在部分猪场采用了 SEW 的饲养技术，取得了较好的效果。

(1)优点

①母猪在分娩前进行免疫，抗体可通过母乳垂直传给仔猪。仔猪按常规免疫，增强免疫力，在断奶时抗体还没有消失，转移到清洁的隔离保育舍养育，将仔猪与母猪分开，减少了疾病的发生。

②由于断奶日龄比较早，离开母猪所造成的应激较常规断奶要轻。

③早期断奶可以提高母猪的利用率。

(2)断奶仔猪的培育要点

①母猪对于早期隔离断奶的成功非常重要，需要合理的配种和妊娠时饲喂制度，保证更多健康的活仔出生，并要求泌乳力好，保证断奶仔猪的健壮和整齐。

②早期断奶就是要防止疾病由母猪传染给仔猪，具体时间取决于母猪自身的免疫状况、母猪群的健康状况，仔猪同母猪微生物接触的情况等，一般断奶日龄在 16～18 日龄。

③早期隔离断奶的仔猪较常规断奶的仔猪对营养要求高。除了要满足仔猪正常的营养需要，对蛋白质来源要求较高。猪血浆蛋白粉，脱脂奶粉，乳清蛋白提取物，鱼粉，喷雾干燥血粉和深加工的豆制品是主要的蛋白质来源。

④隔离断奶的仔猪要分组饲养，组与组相互隔离并采用全进全出的饲养方式。

三、生长肥育猪的饲养管理

猪的肥育是整个生猪养殖过程中的最后阶段，是影响猪肉产品质量安全的关键环节。这一生产阶段的总目标是在保障猪肉产品质量安全的前提下，根据猪的生长发育规律，利用科学的饲料配制技术、饲养管理技术、疫病防治技术等，最大限度的降低生产成本，生产安全优质的猪肉产品，实现经济效益的最大化。

(一)生长肥育猪的生长发育规律

1. 生长阶段的划分 1987年颁布的《中国猪饲养标准》把生长发育猪划分为20～35千克、35～60千克、60～90千克3个阶段。根据我国实际情况，2004年修订的《中国猪饲养标准》依然沿用了1987版的阶段划分。生产中，通常把体重在35千克以前称为生长期，体重在35～60千克称为发育期，体重60～90千克（出栏）称为肥育期，或相应称为小猪、中猪，大猪阶段。因品种、饲养水平等因素的差异，国外多采用20～50千克、50～80千克和80～120千克3个阶段。

2. 生长发育规律 不同品种、性别和不同时期的猪，在生长发育过程中表现出各自固有的特点和规律，了解这些特点和规律，可以采取针对性的营养调控措施、饲养管理技术等，更好地指导养猪生产。就养猪生产而言，猪的生长发育规律主要表现在体重增长、体组织生长及其化学组成3个方面。

(1)体重增长规律 体重增长的变化规律是检验猪日粮营养水平和决定猪屠宰期的重要依据之一。体重增长速度一般是以生长肥育期平均日增重来衡量。在生长不受限制的情况下，正常健康猪的体重随日龄的增加呈现“慢－快－慢”的趋势。早期阶段，有一加速生长期，到达高峰后有一转折点，大约为成年体重的

30%～40%；此后，日增长率开始下降。因此，在生命早期，如果生长停滞或受阻的时间过长，会影响猪后期的体型和胴体组成，因此应充分发挥在转折点之前的生长优势，以提高肉猪的生长速度、饲料转化率和胴体品质。据统计，我国杂种肉猪增重速度的高峰大多处于 75～80 千克体重，少数猪种处于 90 千克以上。在实际生产中，转折点出现的迟早，因品种、饲养管理条件不同而异。

（2）体组织生长规律　猪体组织生长受品种、类型、营养水平等因素的影响，随着体重或年龄的增长有一定的规律性变化。猪的体组织主要包括骨骼、肌肉和脂肪，其生长高峰出现的顺序依次为骨骼、肌肉、脂肪。骨骼最先发育，也最早停止，肌肉次之，脂肪在生长后期大量沉积。因此，我国民间早就有"小猪长骨，中猪长肉，大猪长膘"的说法。根据这一生长规律，肥育前期应饲喂蛋白质水平和质量较高的饲料，保证必需氨基酸的平衡，以保证其骨骼、肌肉的生长发育，在肥育后期可适度限饲以减少脂肪的沉积，提高瘦肉率，获得良好的胴体品质。一般来说，大型晚熟品种，各组织生长高峰比小型早熟品种延后，同一品种或类型，在高营养水平下，生长高峰提前；反之，则会延后。

（3）猪体化学组成　猪体化学组成的变化与体重、体组织生长规律相符合。猪体的化学成分依品种、年龄、体重、营养状况不同而不同，随年龄和体重的增加，水分、蛋白质和矿物质相对减少，脂肪则逐渐增加。在整个肥育过程中，前期增重以水分、蛋白质和矿物质较多，中期渐减，后期更少；而脂肪则前期增加很少，中期渐多，后期达最高。如猪从体重 8 千克至 100 千克，水分从 73%下降至 49%，脂肪则从 6%上升至 36%。不同阶段猪体的化学成分见表 8-1。因此，猪年龄和体重不应养的太大，要适时屠宰。

表 8-1 不同阶段猪体的化学成分 (%)*

体重（千克）	水分	蛋白质	脂肪	矿物质	无脂样本			无脂干物质	
					水分	蛋白质	矿物质	蛋白质	矿物质
8	73	17	6	3.4	78.2	18.2	3.6	83.3	16.7
30	60	13	24	2.5	79.5	17.2	3.3	84.3	15.7
100	49	12	36	2.6	77.0	18.9	4.1	82.4	17.6

* 除去消化道内容物　　引自 Maynard,LA 等(1979)

(二)提高猪肥育效果的方法

生长肥育猪是猪生长速度最快和耗料量最大的阶段,同时也是整个养猪过程中较好管理的阶段,与其他生长阶段相比而言,此阶段的猪抵抗力较强,对环境条件要求最低。尽管如此,要获得最佳的经济效益,必须采用标准化饲养管理技术,以提高日增重和饲料转化率。一般情况下,大多数猪场把饲养管理的重点放在了对种猪和仔猪的饲养管理上,而忽视了对肥育猪的饲养管理,导致肥育猪生长缓慢和发病率提高,造成不必要的经济损失。

提高猪肥育效果的技术措施很多,而各因素之间又相互联系和相互影响,生产中应采取相应配套的饲养管理技术和方法。如选择优良猪品种和生长强度大、健康仔猪,提高饲料营养水平和品质,采取科学的饲喂方法和管理技术,提供优良的环境条件,合理防疫和保健等。

1. 选择适宜的品种和杂交类型 由于猪的品种、类型在形成和培育条件上的差异及其经济特性的不同,导致各品种、类型的猪在肥育性能上的差异。如瘦肉型猪的日增重、饲料转化率高于肉脂型猪,因此根据对猪肉产品的要求,选择在本地区适应性能强的品种进行饲养。不同品种之间进行杂交,可以利用杂种优势提高肥育猪的生产性能。杂种猪有生长速度快、饲料转化率高的特点。一般说来,三元杂交效果要好于二元杂交。品种间差异越大,杂交优势越明显。

目前，国内大多采用长白猪与大约克夏猪组合的二元母猪与杜洛克、皮特兰、斯格等公猪杂交的模式，以获得最佳的三元杂交猪。而在国外已经很少采用三元杂交商品猪的生产体系，改用配套系商品猪生产体系。美国75%以上的上市肉猪来自具有良好生产性能的配套系商品猪。近年来，我国的种猪选育和商品瘦肉猪的生产取得了较大进展，目前已有光明、深农、冀合白、中育、华农温氏Ⅰ号、滇撒猪Ⅰ号、鲁农Ⅰ号、渝荣Ⅰ号等配套系猪，这些配套系猪具有杂种优势明显、互补性强、生产性能良好、适应性强、综合效益显著等特点。

洋三元杂交猪具有生长速度快、瘦肉率高的特点，但是肉质较差，为了生产优质猪肉，可以在杂交组合中加入我过地方品种猪的血统，甚至地方血统可以占75%。优质猪肉生产也是特色，可以树立品牌，提高经济效益。

2. 提高仔猪断奶重及其整齐度　一般来说，仔猪出生重愈大，哺乳期间生长速度也越快，断奶体重也大，出栏率也高。俗话说"出生多一两，断奶多一斤，断奶多一斤，出栏多十斤"说的就是这个理。所以，应选购体重大、整齐度好的断奶仔猪进行肥育。严禁在疫区选购仔猪。另外，不要选购病猪和生长发育受阻的僵猪，凡是头大臀尖、腹部膨胀的仔猪，多为早期营养不良，生长发育受阻，或患过疾病(如白痢)的仔猪。

许多猪场采用自繁自养的模式，对于这样的猪场，应该加强妊娠母猪和哺乳母猪的饲养管理，加强营养和改善环境，加强仔猪的饲养管理，及早补料，适时断奶，以提高初生重、断奶重和断奶仔猪的整齐度。

3. 提供适宜的营养水平

(1)合理划分饲养阶段　在养猪生产中，肥育猪饲养的优劣，直接影响养猪生产的经济效益。只有充分了解肥育猪的生理特性，采取最佳的投入和最合理的饲养阶段划分，充分利用饲料源营养，才能获得最好的经济效益。

过去通常把商品肥育猪饲养阶段的划分大多分成两阶段，即小猪阶段（20～60 千克）和大猪阶段（60～90 千克）。这种划分方法过于简单，容易造成肥育猪营养摄入不足或营养过剩，因为猪体组织的生长过程是不断变化的，猪对各种营养成分的需要量也随之变化，简单地说，猪越小对饲料中的能量水平、蛋白质和赖氨酸水平要求越高。为此，把猪的整个饲养划分若干阶段，把价格较高的蛋白质类饲料、浓缩预混料和基础料的比例渐次调整，不仅能满足猪体组织的生长发育需要，而且能降低经济成本，提高养猪经济效益。

依据商品肥育猪的生理特性，一般将其生长过程划分为 3 个阶段，即体重 20～35 千克为第一阶段，35～60 千克为第二阶段，60～90 千克为第三阶段。还可以把猪的饲养阶段划分的更为详细，比三段饲养法能更好地满足不同年龄段的营养需要，以提高肥育效果。

(2)营养和饲料　营养水平的高低对肥育效果影响较大，各种营养物质缺一不可，其中能量和蛋白质是最重要的影响因素。一般来说，能量摄取越多，日增重就越快，饲料转化率就越好，屠宰率也越高，但胴体脂肪含量也越多。在一定范围内，随着日粮蛋白质水平的提高，增重速度加快，但蛋白质水平超过 18%以后，对日增重影响不大。蛋白质对肥育的影响关键在于蛋白质的质量，要求必需氨基酸平衡，日粮中任何一种氨基酸的缺乏都会影响增重，尤其是赖氨酸、蛋氨酸、色氨酸的影响更为明显。此外，矿物质和维生素对肥育效果也有很大影响。

饲料与肉的品质关系密切。如软脂和黄膘肉都与饲料配制不合理有关系。猪可以把饲料中的不饱和脂肪酸直接沉积于体脂，使猪体脂变软，影响肉质。所以，在肉猪出栏上市前 2 个月左右应喂含不饱和脂肪酸较少的饲料，要适当限制玉米、大豆、油饼、米糠等含油脂多的饲料的喂量。正常猪屠宰后脂肪应为白色，但有些商品猪脂肪呈黄色，这种肉称为黄膘肉。黄膘肉脂肪除呈黄色外，且松软不坚实，有时具有异常腥味，外观很差，经济价值低。猪发生黄膘肉的原因有二，一是黄疸所致，一是色素造成。由色素引起的黄膘肉也主要与饲料有关，长期使用高比例的蚕蛹、生鱼渣、鱼油可导致黄膘肉，为防止其发生，鱼油的用量限制在5%以下，生鱼渣限制在15%以下。日粮中适当补充维生素E也有助于预防黄膘肉。

4. 肥育方式与饲喂方法 肥育方式一般有“吊架子”和“一条龙”2种。吊架子肥育法为传统方法，通常把猪的肥育期分成小猪、中猪、大猪3个阶段，精料用在在小猪阶段和大猪阶段，中间架子猪阶段则主要利用青粗饲料，较少用精料。根据猪的生长发育规律，我们知道肌肉前期生长快，后期脂肪积累迅速。吊架子饲养法使前期能量蛋白质供给不足，限制了肌肉生长。后期脂肪生长强度高时又供给了高能量饲料，增加了脂肪的沉积，肥育猪屠宰后瘦肉少、脂肪多，不能适应当前市场的需要，该肥育方式生长期长，维持消耗也多，不经济。一条龙肥育又称一贯肥育法或直线肥育法。该肥育方式是按照猪在各个阶段的生长发育的需要，采用相应的饲粮配方，从断奶至出栏始终保持较高的营养水平，全期的饲养水平显著高于阶段肥育法。该方式是现代生长肥育猪的科学肥育方式，具有使猪生长速度快、饲料转化率高、饲养周期短、瘦肉率高的优点，应加以普及推广。

肥育猪的饲养方法，常采用自由采食和限制采食2种。自由采食的猪增重快，胴体较肥；限量饲喂的猪增重较慢，饲料转化率较高，胴体背膘较薄。为了追求高的日增重，用自由采食方法最好；若要获得瘦肉率较高的胴体，采用限量饲喂方法最优。一般三元杂交猪前期采用自由采食，后期限制能量饲料饲喂量。即“前敞后控”的方法，60千克前敞开饲喂，60千克后则限制饲喂，一般以限饲10%～15%较适宜，同时用青绿饲料补充，提高肥育前期的生长速度和饲料转化率，在肥育后期限饲则能抑制脂肪的增长、节约饲料等，提高胴体瘦肉率。

在小猪阶段，最好是采用自由采食，通常自由采食比分餐饲喂可使出栏日龄提前5～10天，因为在仔猪和小猪阶段受胃肠道容积的影响，分餐饲喂的日采食量要低于自由采食的日采食量，而且分餐饲喂的饲料消化吸收率也低于自由采食的，分餐饲喂比自由采食更容易发生腹泻。中后期限量饲喂时，应按饲料形态、日粮中营养物质的浓度以及肉猪的年龄和体重而定。限量饲喂要防止强夺弱食，除了要有足够的饲槽外，对喜争食的猪要控制，以使不敢采食的猪能得到采食，帮助建立猪群秩序。同时，一定要供给充足清洁的饮水，肉猪的饮水量随体重、环境温度、日粮性质和采食量而变化，一般在冬季，肉猪饮水量为采食风干饲料量的2～3倍或体重的10%左右，春、秋季约为4倍或体重6%左右；夏季约为5倍或体重23%左右。饮水的设备以自动饮水器最佳。

5. 合理分群饲养 群饲的猪群内，个体间增重的差异约有13%，这是由群内的优胜序列引起的。因此，应根据猪的品种来源、体重大小和体质强弱进行合理分群饲养。分群饲养时，同一群内个体间的体重差异以不超过7～10千克为宜。分群时一般掌握“留弱不留强”，“夜合昼不合”的原则，最好是原窝分群，一段时间后再进行调整。

6. 合理的饲养密度 肥育猪体重60千克前每头占舍面积0.8～1平方米，60千克至出栏1～1.2平方米，以每圈8～10头为宜，最多不超过20头，可以根据季节调整密度，夏天小些、冬天大些。要有足够的槽位，尤其是在肥育后期限制采食量时槽位务必充足。

7. 改善环境条件 现在肥育猪的饲养以高密度舍饲为主，猪舍内的环境条件直接影响猪的生产性能。猪舍内的环境条件主要包括舍内温度、湿度、光照等，猪舍内二氧化碳、氨气、硫化氢等气体含量和尘埃、微生物等因素也会影响肥育猪生产。

(1)温度和湿度　肥育猪生产主要是在高密度、规模化的条件下进行，猪舍的温度和湿度直接影响肥育猪的增重速度、饲料转化率。俗话说"小猪怕冷，大猪怕热"，这表明不同体重猪的适宜生长温度不同。研究证明，11～45 千克体重的猪最适宜温度为 21℃，而体重 45～100 千克为 18℃，体重 135～160 千克为 16℃。猪体重越大，就越怕热，适宜温度也就越低。

猪舍内温度对猪增重的影响与湿度相关联，获得最高日增重的最适宜温度为 20℃，相对湿度为 50%。肥育猪对湿度的适应性较强，相对湿度以 45%～75%为宜。在适宜温度条件下，湿度大小对增重的影响不大。低温高湿是有害的，高温高湿的危害最大。

(2)光照　肥育猪舍光照标准化问题研究的较少，一般认为，光照对肥育猪的日增重与饲料转化率均无显著影响。有的研究证明光照对猪体健康和生产性能有着重要影响，当肉猪舍光照从 10 勒(克斯)提高至 50～100 勒(克斯)，每天光照从 6～10 小时提高至 14～18 小时，可促进猪体代谢过程的活化，从而促进肥育猪生产力的提高。

猪舍人工光照提高至 40～50 勒(克斯)，对物质正常代谢有利，并能增强抗应激性和增重速度。但过高的光照并不好，因它能强烈激化氧化还原过程，使增重下降。在无窗猪舍人工光照 40～50 勒(克斯)下的生长肥育猪，表现出最高的生长速度，过强和过弱都不好。

(3)通风换气　猪舍内空气潮湿污浊，有害气体含量过高，均会严重影响到肥育猪的食欲、健康和增重，并可引发呼吸道和消化道疾病。所以，猪舍必须注意通风换气，保持舍内空气新鲜和温、湿度适宜。猪舍内的通风换气与风速和通风量有直接关系，通风换气速度大小对猪的日增重和饲料转化率有一定影响。

现代化高密度饲养的肥育猪一年四季都需通风换气，但是在各季必须解决好通风换气与保温的关系，不能只注意保温而忽视通风换气，这会造成舍内空气卫生状况恶化，使肥育猪增重减少和饲料消耗增加。

8. 实行原窝饲养、全进全出 猪是群居动物，来源不同的猪并群时，往往出现剧烈的咬斗，相互攻击，强行争食，分群躺卧，这些会严重影响猪生产性能的发挥。而原窝猪在哺乳期就已经形成的群居秩序，肥育期仍保持不变，这对肥育猪生产极为有利。但在同窝猪整齐度稍差的情况下，可把来源、体重、体质、性格和吃食等方面相类似的猪合群饲养，此时要注意同一群猪个体间体重不能过大，在小猪阶段群内体重差异不宜超过 2～3 千克，分群后要保持群体的相对稳定。

大、中型猪场生长肥育猪应实行全进全出制，既便于管理，又可提高肥育效果。

9. 加强调教 合理分群以后，要及时调教，使猪群养成在固定位置排便、睡觉、采食和饮水的习惯，以保持圈舍卫生，减轻劳动强度。调教成败的关键是要抓得早，分群后的几天，要多观察，勤调教。

10. 及时去势、防疫和驱虫 根据新的研究去势不要太迟，一般在出生后 7～10 天进行较好，伤口恢复快，有母源抗体保护，可减少不良刺激。新进苗猪必须根据当地疫情及本场免疫程序进行接种疫苗。但是每一次免疫都会导致猪体短期的免疫力下降，病原微生物趁机感染、发病，免疫也会对猪体产生程度不一的应激，导致免疫力下降。同时，每一次免疫都要产生大量的抗体，需要消耗大量的蛋白质，如果蛋白质供应不足，易导致猪体短期营养不足，而营养不足也会导致免疫力下降。由于机体的免疫应答能力是有限的，有限的应答能力无法对无限的抗原产生应答。因此，尽量执行简单的免疫原则：不该注射的疫苗坚决不注射，可注射可不注射的疫苗，选择不注射，保证注射好该注射的疫苗，如猪瘟、口蹄疫等。同时，根据不同日龄驱虫1～2次，第一次驱虫可在断奶后3周左右进行，在生长肥育前期再次驱虫，根据具体情况增加驱虫次数，对于体外寄生虫可采用身体喷洒消毒药防治。驱虫后及时把粪便清除发酵，以防再度感染。

11. 适时出栏　根据猪的生长发育规律，猪生长发育到一定阶段，自然增重减慢，但采食量却不减少，导致料肉比提高，脂肪积累加快，不适时出栏，只能浪费饲料，造成生产成本增大，影响经济效益。猪的屠宰体重要根据品种和杂交组合确定。地方品种一般在70～80千克，洋三元在100～110千克为好，二洋一土杂交猪则在90～100千克屠宰适宜。

第九章　安全优质猪肉的生产

近年来，随着人们生活水平的不断提高，消费者对猪肉品质提出了更高的要求，猪肉产品目标也在从单纯“量”的扩大向“质”的提高转变。安全优质猪肉生产，就是要求猪肉品质要优，要做到猪肉的卫生、安全，无药物残留。猪肉品质受品种、饲料种类、营养水平、饲养管理、环境、屠宰体重、宰后加工等多种因素的影响。因此，要做好优质安全猪肉生产，必须抓好每一环节。改善猪肉品质、生产优质猪肉，须从其生长发育规律以及影响猪肉品质的因素着手进行调控。

一、猪肉品质主要评价指标

肉质是一个综合性状，包括一系列的评价指标。普遍认为，肉质的评价应考虑感官性状、营养价值、技术因素、卫生安全等几个方面。因此，日常生产、科学研究过程中，多用以下指标来衡量或评价猪肉品质。

(一)肉　色

颜色本身不会对肉的口感、滋味、营养成分产生影响，但肉色是肌肉的生理学、生物化学和微生物学变化的外部表现，人们可以很容易地用视觉加以鉴别，从而由表及里地判断肉质，尤其是我国习惯用“色、香、味”来判断肉质，多数消费者会把肉色作为选择的标准之一。

(二)pH 值

pH 值是反映屠宰后猪体肌糖原酵解速率的重要指标，屠宰后45～60 分钟测量的 pH 值(pH_1)是公认的区分生理正常和异常肉质(PSE 肉)的重要指标。猪被屠宰后，机体的自动平衡功能终止，而一系列物理、化学和生物化学变化仍在进行。由有氧代谢转变为无氧代谢(糖酵解)，其最终产物是乳酸，乳酸的积累使肌肉 pH 值降低。肌肉 pH 值下降的速度和强度，对肉质性状有着较大的影响。

(三)系 水 力

肌肉系水力又叫保水力，是指肌肉受到外力作用时(如加压、切碎、加热、冷冻、融冻、贮存、加工等)，肌肉保持其原有水分的能力。换言之，是指在一定的外力作用下，从肌肉组织中释放出的液体量。“滴水损失”也是衡量肌肉系水力的一个指标，是指不施加任何外力，只在重力作用下，蛋白质系统的液体损失量。肌肉的保水力不仅直接影响食肉的滋味、香气、多汁性、养分损失、嫩度、颜色等食用品质，而且具有重要的商业价值。

(四)肌内脂肪含量

肌内脂肪是指肌肉组织内所含的脂肪，是用化学分析方法提取的脂肪量，不是通常肉眼可见的肌间脂肪。肌内脂肪是合成风味物质的前体物质，因此在主观品味评定中，富含适量肌内脂肪对口感惬意度、多汁性、嫩度、滋味等都有良好作用。一般认为，肌内脂肪含量在 2%～3%较为理想。肌内脂肪含量受品种因素的影响较大，我国地方猪种的肌内脂肪含量高于引进品种猪，肌内脂肪丰富是国内猪肉口感较好的内在因素之一。

(五)嫩　度

嫩度是影响消费者口感惬意程度的重要指标。通常所说的肉嫩和老化,是评价者主观的描述,客观上是对骨骼肌各种蛋白质结构特性的总概括。嫩度受品种、年龄、肌肉部位、肌纤维直径、肌肉化学成分(肌内脂肪含量)、屠宰过程等多种因素的影响。

(六)风味物质

风味是肉质中最实用的性状。肉中的糖、氨基酸、无机盐、肽、乳酸、磷酸、肌酸能作用于人类味觉感受器产生鲜酸苦咸等综合滋味。肉在加热烹调时脂肪氧化、硫胺素降解和迈拉德反应产生的挥发性芳香物质能作用于人类嗅觉感受器产生香味感受。但猪肉中的风味物质和风味前体物质约有 1 000 多种,不能逐一测定量化,故肉质风味评定通常以口感品尝进行,主观性较强。

二、无公害猪肉生产的技术措施

针对我国农产品质量安全存在的问题,农业部 2002 年 7 月在全国范围内开始推行"无公害食品行动计划",旨在保障消费安全。所谓无公害猪肉,是指严格按照农业部规定的无公害食品标准要求进行饲养管理而生产出的猪肉。这些标准涉及饲料及饲料添加剂、兽药、饮用水、饲养环境等方面,并对各项指标进行了严格限定,用以保证生产出安全、优质猪肉产品。从目前的发展趋势看,"无公害"将是未来市场准入的底线,否则将会遭到市场的淘汰。无公害猪肉的部分指标见表 9-1。

表 9-1 无公害猪肉的部分指标

项 目	指 标
感官指标	
色泽	红色、有光泽、无淤血、脂肪乳白色
组织状态	坚韧、有弹性、指压后凹陷立即恢复
黏 度	外表微干或微湿润、不黏手
气 味	有鲜猪肉正常气味、无异味
煮沸后肉汤	澄清透明、脂肪团聚于表面
肉眼可见杂质	无
理化指标	
解冻失水率%	≤8
挥发性盐基氮毫克/100 克	≤15
汞(以 Hg 计)(毫克/千克)	按 GB 2707
铅(以 Pb 计)(毫克/千克)	≤0.50
砷(以 As 计)(毫克/千克)	≤0.50
镉(以 Cd 计)(毫克/千克)	≤0.10
铬(以 Cr 计)(毫克/千克)	≤1.0
六六六(毫克/千克)	≤0.10
滴滴涕(毫克/千克)	≤0.10
金霉素(毫克/千克)	≤0.10
土霉素(毫克/千克)	≤0.10
氯霉素	
磺胺类(以磺胺类总量计)(毫克/千克)	≤0.10
伊维菌素(脂肪中)(毫克/千克)	≤0.02
盐酸克伦特罗	不得检出
微生物指标	
菌落总数(个/克)	≤1～10^6
大肠菌群(MPN/100 克)	≤1×10^4
沙门氏菌	不得检出

引自《无公害食品 猪肉(NY 5029—2001)》

(一)饲料、饲料添加剂及兽药投入品的安全控制

从近年我国畜产品质量安全事故的发生来看,无论是“瘦肉精”还是“苏丹红”,均是由于饲料环节出现了问题。因此,强化饲料添加剂和兽药等畜牧业投入品的监督管理,从源头上控制和净化饲料,是无公害猪肉生产的第一步。2001 年,农业部发布了无公害食品生猪饲养兽药使用准则。此外,农业部还对允许使用的饲料添加剂及药物进行了明确界定,并严格按照规定执行。

在生产实践中,饲料中超量添加矿物质和微量元素的问题较为普遍,这不仅增加饲料成本,给猪机体代谢造成负担,而且超量添加元素在猪体内的残留增加,排泄物中过多的磷、铜、硫还会污染环境。有研究表明,屠宰前 1 个月停止使用微量矿物质元素,不影响猪的生长性能、胴体性状和肉品质,还能降低饲料成本。

(二)水源控制

水污染是影响猪肉产品品质的重要因素之一。主要包括猪只饮用水和猪肉产品加工用水。猪的饮水必须符合《无公害食品 畜禽饮用水水质 NY 5027－2001》标准的要求。取自河流、湖泊、池塘等的自然水源未经处理以及工业废水不得作为畜禽饮用水源。生猪饲养过程中,宜用乳头式饮水器,有利于保障饮水清洁,预防污染。

生产无公害猪肉的企业在屠宰、加工过程中的生产用水、厂区冷却水、设备消毒冲洗水,在特定的屠宰车间内屠宰、加工成胴体或初分割中的生产用水、产品加工成成品或半成品中的添加水和洗涤水,也必须满足我国《无公害食品 畜禽产品加工用水 NY 5028－2001》标准的要求。

(三)环境控制

无公害猪肉生产过程的环境控制可分为猪场(圈舍)内环境和外部大环境。内环境包括圈舍设计、光照、通风、空气质量等,外部大环境包括水源、地理、交通、大气等。内环境控制与饲养管理过程密切相关,关注动物福利,加强环境控制,尽量减少和消除应激因素,前面内容已涉及,故不再赘述。

(四)疫病防控

随着养猪场规模化、集约化进程的加快,密集化饲养在带来经济效益的同时,也给疫病传播创造了条件。近年我国重大疫病时有发生,给畜牧业带来了巨大的损失。疫病的防控,应树立一种新的理念,即“养重于防,防重于治”,采取养、防、治结合的综合措施进行疫病防控。因此,疫病防控是一项系统工程,要做好日常饲养管理、封闭饲养、免疫接种、卫生消毒、检疫监测、种猪选育、种源净化等方面的工作。另一方面,一旦有疫情发生,要向有关部门报告,尽快采取措施,防止疫情蔓延。对患有重大疫病以及病死猪的处理,要严格按照国家规定进行无害化处理,不得进入市场流通。

(五)屠宰加工和流通过程的控制

无公害猪肉生产的前提和关键是实现猪的科学健康养殖,此外与生猪的运输、屠宰加工、流通后续环节有密切关系,否则容易发生“二次污染”,在到餐桌之前又出了问题。商品猪上市前,应经兽医卫生检疫部门检疫,并出具检疫证明,合格者方可屠宰上市。运输生猪和猪肉出县境的车辆,在运输前和使用后要经兽医卫生检疫部门用消毒液彻底消毒,并出具消毒证明。商品猪运输途中,不应在疫区、城镇和集市停留、饮水和饲喂。

屠宰加工生猪在定点屠宰场进行,屠宰加工场地应符合国家规定畜类屠宰加工通用技术条件和肉类加工厂卫生规范，取得畜牧兽医行政主管部门核发的动物防疫合格证。按照《生猪屠宰操作规程》(GB/T 17236)的要求进行屠宰加工，并经兽医卫生检疫部门根据《畜禽屠宰卫生检疫规范》(NY 467)检疫，出具检疫证明，加盖验讫标志，合格者方可上市，要对屠宰后的胴体和分割肉保存、运输、销售过程中卫生要求。

三、改善猪肉品质的技术措施

消费者对猪肉品质的要求日益提高，而目前猪肉品质已不能完全满足消费者的需求，这就需要从影响猪肉品质的因素入手，采取综合措施改善猪肉品质。影响猪肉品质的因素主要包括品种、饲养管理、环境控制等。

(一)饲养优良品种

品种是影响猪肉品质的最主要遗传因素。我国地方品种猪肉品质优于外来品种。地方猪肉品质的特点是肉色鲜红，系水力强，肌肉大理石纹适中，脂肪含量高，肌纤维直径小，肌束内纤维束多。在外来猪种中，杜洛克猪不仅生长快，而且具有较高的肌内脂肪含量。此外，杜洛克猪产生 PSE 等劣质肉的比率很低。这也可能是杜洛克猪肉口感较好的原因之一。杜洛克猪为抗应激品种，大约克夏猪、汉普夏猪的发生率较低，长白猪的多数品系发生率较高，而皮特兰猪发生率最高。

我国地方品种资源丰富，尽管生长缓慢，但是肉质较好，风味独特，有些猪场根据市场需要，饲养地方品种或者地方品种的杂交猪，并打出肉质品牌，取得了较好的经济效益。

(二)通过营养调控改善猪肉品质

日粮中蛋白质和能量水平对猪肉品质具有一定的影响作用，具体表现为影响胴体中蛋白质和脂肪的沉积。猪日粮中提高理想蛋白质水平可显著提高眼肌面积和瘦肉率，背膘厚度趋于下降，胴体脂肪含量也显著下降。日粮蛋白质的含量要与猪的蛋白质需要量相适应才能获得最大瘦肉生长和较好猪肉品质。如果蛋白质相对于能量来说供应不足，瘦肉生长就会受到抑制，就会有多余能量沉积为脂肪。另一方面，如果蛋白质供应过量，过量的蛋白质就会被用作能量源，从而导致胴体瘦肉率降低。日粮中添加维生素能明显改善猪肉品质。

有些矿物质添加剂使用也可能对改善肉质有帮助。适当提高口粮中硒水平，增强机体抗氧化能力，可有效保护贮存过程中肉品质量。日粮中含吡啶铬 200 微克/千克可显著降低 PSE 猪肉的发生率，减轻运输和屠宰过程中的应激。

(三)去　势

同窝、同一饲养条件的公猪、阉猪及母猪相比较，公猪的瘦肉率最高，其次为母猪与阉猪。但公猪的肉质比阉猪及母猪差，公猪肉的异味比母猪肉高。因此，商品猪场的小公猪应及时去势，以改善肉质。

(四)改善环境

注意饲料、饮水、空气的卫生，关注动物福利，尽可能给猪创造一个良好的环境，这样做不仅猪生病少、生长快，而且对肉质的改善也是明显的。

第十章　科学处理猪场废弃物

规模化养猪场每天都会产生大量粪尿、污水等废弃物，如果不进行科学处理，首先会对猪场环境控制、疾病防治产生不利影响，危害猪群健康、降低生产水平，同时还会污染周围环境，造成畜产公害。猪场产生的粪尿是最主要废弃物，容易造成空气、水、土壤的污染。科学处理猪场废弃物是实现养猪业持续发展，避免对环境造成污染的重要手段。

一、猪场的主要污染物与危害

(一)粪　尿

粪尿为猪场主要废弃物，每只猪平均每天排粪尿量为5～6千克，规模化养猪场的粪尿量相当可观，1个万头猪场每天产生粪尿50～60吨。粪便含有有机物、矿物质、微生物、寄生虫等，如果处理不当，则会造成严重的水、土壤、空气污染。

猪粪尿首先通过氮、磷污染环境，猪从饲料中摄入氮和磷2/3左右被排泄到环境中。粪便中的氮、磷等植物营养物大量进入水体，促使水体中藻类等水生植物大量繁殖，使水体溶解氧迅速下降，水生生物死亡，水中有机质在缺氧条件下厌氧腐解，使水体变黑发臭，水质感官性状恶化。由于配合饲料中超量使用微量元素，如大量铜、锌、铁、砷制剂的使用，粪尿还会造成矿物质元素对环境的污染。

猪的粪便中含有大量的细菌、病毒、寄生虫等病原微生物，通过污染土壤、水源、空气，引起疾病的发生和流行。猪舍与猪场中粪尿处理不当，造成猪舍内蚊蝇孳生、猪发病率上升。人兽共患病的传染源对猪场附近的居民身体健康也构成威胁。

（二）污 水

养猪污水主要有冲洗粪便产生的污水、清洁猪舍与设施产生的污水和场区生活污水。尤其是完全水冲猪舍饲养管理类型的猪场，产生的污水量很大，含有大量的有机物和病原微生物，极易对环境造成大范围的污染。

（三）废 气

在养猪生产过程中，不断向大气中排放大量氨气、硫化氢等有害气体和含有病原微生物、有机物的有害粉尘。对周边大气及环境造成污染。

氨气主要来源于粪尿，饲料残渣和垫草等有机物腐败分解也能产生。硫化氢则主要由含硫物分解而来。猪场会产生大量的恶臭气体，对人、猪产生有害作用和使人的嗅觉产生厌恶感，猪场中恶臭主要来自猪的粪便、污水、垫料、饲料等的腐败分解，成分很复杂，包括氨气、硫化氢、挥发性脂肪酸、粪臭素、吲哚等。

废气能够刺激眼睛和呼吸道，造成猪群对疾病抵抗力下降，易发生疾病。猪处在低浓度氨和硫化氢等有害气体的长期作用下，体质变弱，对某些疾病产生敏感，生产性能下降。浓度过高，会造成中毒，甚至死亡。

废气中的粉尘携带病原微生物，是许多疾病的重要传播途径，容易造成猪病的发生与流行。此外，猪场的废气影响猪场工作人员的健康，通过传播将可能对周边居民的正常生活产生影响。

二、猪舍清粪和猪粪处理

(一)猪舍清粪方式

规模化猪场清粪方式可分为人工清粪、机械清粪和水冲清粪等几种方式。

1. 人工清粪

靠人工清扫,粪尿分开,用手推车将粪运至舍外。该方法的优点是简便,不用机械设备,不用电,用水少,投资低;缺点是劳动量大,效率低。肥育猪舍以及其他圈养猪舍多采用,适合我国国情。

2. 机械清粪　是利用机械装置将粪便清至舍外,最常采用的是用刮粪板清粪。可减轻劳动强度,但投资大,耗电量大,装置容易腐蚀,寿命短,我国规模化猪场较少采用。

3. 水冲清粪　是利用水流将粪便冲到舍外,有设备简单、劳动生产率高、卫生等优点,但耗水量大,加大了粪便、污水的体积和后期处理难度,较易造成新的污染,在生产中不宜大面积采用。规模化猪场分娩舍、保育舍在采用产床和保育网时,多采用粪沟水冲清粪,妊娠母猪采用限位栏饲养时也用粪沟水冲清粪。

(二)猪粪的处理

规模化猪场应尽量人工清粪,尽可能不用水冲栏圈,实行粪尿分离,减轻后期污水的处理难度。

1. 直接还田　把猪粪直接作肥料施入农田。粪肥还田可改良土壤,提高作物产量,促进农业良性循环和农牧结合。采用该方法利用粪便时,要在粪便施入土地后进行耕翻,使鲜粪尿埋在土壤中进行分解。

2. 腐熟堆肥　为防止鲜粪中的微生物、寄生虫等对土壤造成污染，最好将猪粪堆肥发酵后用作肥料，也可以进行生物发酵后生产有机肥。这样不仅消除污染源，还可创造经济效益。

腐熟堆肥法是主要通过控制好气微生物活动的水分、控制酸碱度、碳氮比、空气、温度等各种环境条件，使好气微生物分解家畜粪便及垫草中各种有机物，并使之达到矿质化和腐殖质化的过程。腐熟堆肥法可释放出速效性养分，并造成高温环境，杀菌、杀寄生虫卵等，腐熟后的粪便无臭味，复杂有机化合物被降解为易被植物吸收的简单化合物，最终形成无害的腐殖质类高效有机肥料。

腐熟堆肥必须创造适宜条件，堆肥物料中的有机物质应占28%以上。如果采用水冲清粪、固液分离工艺，粪便中大部分可溶性的有机质都被水溶解，固液分离后的猪粪缺乏有机质，很难进行好氧发酵。堆肥时要有适当的空气，以保证好气性微生物繁殖，加快发酵速度。通风供氧的方式包括翻堆、向堆肥插入带孔的通风管、借助高压风机强制通风供氧、自然通风供氧等。粪应保持50%～60%的含水量，水分过少影响微生物繁殖，水分过多又易造成厌氧条件，不利于有氧发酵。另外，堆肥适宜的碳氮比为26～35：1，碳比例过大，分解过程缓慢，过低则使过剩的氮转变成氨气而散失掉。鲜猪粪的碳氮比为7.14～13.4：1，碳的比例不足，可加入秸秆、杂草等来调节碳氮比。

除自然堆肥法外，还可采用机械堆肥，如罐式发酵堆肥。该装置分为上下两层的圆形金属罐，圆心为搅拌机轴，每层有多根搅拌棒，搅拌棒和搅拌轴又可以送风，上层是新鲜物料和少量发酵到一定阶段物料的混合物，新鲜物料利用一个输送带自动输入，搅拌机将新旧物料混匀，发酵一定时间后，物料进入下层。在下层，物料经过一定时间发酵后，物料基本腐熟，然后用输送带将物料运走，再加入一些添加剂后包装形成产品。

3. 生产沼气 沼气是以厌氧微生物分解粪尿、污水中含碳有机物而产生的可燃性气体混合物，沼气中含甲烷60%～70%、二氧化碳30%～40%及少量氧、氢、一氧化碳、硫化氢等气体。沼气可用于照明、作燃料或发电等。发酵后的沼渣再用作肥料。厌氧发酵过程中也可杀死病原微生物和寄生虫卵。

(1)沼气生产过程　沼气发酵是由微生物在厌氧条件下分解有机物产生甲烷等可燃气体的过程。沼气产生的过程为包括发酵液化、发酵产酸和发酵产生甲烷3个阶段。在发酵液化阶段，各种发酵细菌增殖并分泌胞外酶，将结构复杂的有机物分解为单糖、肽、氨基酸、甘油和脂肪酸等结构较简单的有机物，这些简单有机物可进入微生物细胞，并参与微生物细胞的生物化学反应。在发酵产酸阶段，产氢和产酸菌在厌氧环境中增殖并分泌胞外酶，分解单糖、氨基酸、甘油、脂肪酸产生乙酸、丙酸、丁酸、氢气和二氧化碳。产酸菌既有厌氧菌，又有兼性菌。在产生甲烷阶段，产生甲烷菌在厌氧环境中增殖并分泌酶，利用乙酸、氢气和二氧化碳等合成生产甲烷、二氧化碳和硫化氢等气体。

(2)沼气生产的适宜条件

①温度　在沼气发酵过程中起关键作用的是沼气池中的微生物的活性，微生物活性与温度密切相关，温度对沼气发酵的影响很大，温度过高或过低，都会影响沼气的产生。沼气发酵的温度范围较宽，一般为10℃～60℃，温度升高沼气发酵的产气率也随之提高。根据沼气发酵温度的差异，将沼气发酵分为高温、中温和常温3种类型。

高温发酵的温度为50℃～60℃。该工艺的特点是微生物活跃，有机物分解速度快，产气率高，滞留时间短，可以有效地杀灭各种致病菌和寄生虫卵，但能耗大。在有余热可利用的条件下，可采用高温发酵工艺，多为酿造厂所用。

中温发酵的温度为30℃～40℃，为畜牧场处理粪尿、废水所用，最适温度范围为35℃～38℃。每立方米沼气池日产沼气1.5～2.5立方米，中温发酵的能耗较少，产气速度比较快，可保证常年稳定运行。

常温发酵工艺指在自然温度下进行沼气发酵，发酵温度受气温影响而变化。常温发酵的温度一般为10℃～28℃，每立方米沼气池日产沼气0.15～0.25立方米，，我国农村户用沼气池基本上采用这种工艺。其特点是发酵料液的温度随气温、地温的变化而变化，产气量也随之变化。由于不需要对发酵料液温度进行控制，节省了能源投入。

②厌氧环境　沼气产酸和产气是多种厌氧菌活动的结果，在生产沼气过程中，一定要造成一个厌氧菌活动的缺氧环境。沼气池要不透气、不渗水。

③pH值　沼气发酵通常为中性环境，过酸或过碱都会影响产气。在一般情况下，发酵液pH值为6.5～7.5时，沼气产量最高。所以，当采用大量产酸原料时，需用石灰或草木灰调节沼液pH值。

④接种物　开始发酵时，一般都要加入一定数量的发酵菌。粪便中通常都含有一定量的发酵菌。以畜禽粪便作原料生产沼气，不需要另外接入菌种。

⑤养分　沼气发酵需要有充足的有机物，以保证沼气菌等各种微生物正常生长和大量繁殖，一般认为每立方米发酵池容积，每天加入1.6～4.8千克固形物为宜。沼液中总固形物浓度最大不得超过40%，最小不得少于10%。不经过稀释的猪粪含固形物18%，直接入沼气池可发酵产生沼气。

⑥碳氮比　在发酵原料中，当碳氮比为25～30∶1时，沼气产气效果最好。在进料时须注意原料的碳氮比，人、畜粪便的碳氮比适宜于发酵产生沼气。

(3)沼气、沼液、沼渣的利用　沼气主要用于燃料，为场内生产和职工生活提供清洁能源，也可以为分娩舍和保育舍加温。规模猪场粪尿产生的沼气可以用来发电。

沼液、沼渣可以作为肥料，由于运输成本的问题，距离不能太远。沼气发酵仅仅是利用粪尿转化为能量的一个过程，不能作为粪便处理的全部，沼气发酵只能除去粪水中 30%～40%的有机物，如果沼液、沼渣不能通过还田直接利用，余下的 60%～70%有机物仍要进一步处理，对沼液用生物塘等方式进行二次处理（见本章污水处理部分），否则仍会造成再次污染。

三、猪场污水处理

污水处理是采用物理的、化学的、生物学的方法，将废水中的污染物分离除去或将其转化、分解为无害的物质，从而使废水净化，达到农业灌溉用水标准或渔业用水标准而利用，或达到《中华人民共和国畜禽养殖场污染物排放标准》而排放。猪场废水处理的重点是将废水中的有机污染物质分解、转化为无害的物质。为了减少猪场废水的数量和废水中有机物含量，在生产过程中，建议采用先铲除粪尿固形物，再用水冲粪尿残渣的“干清粪”工艺。那种不铲除粪尿中固形物，直接用水冲洗的除粪工艺或用水冲洗粪尿的工艺只能加大猪场废水排放量和废水处理的难度，因为粪尿和水混合后，即使采用固液分离技术分离，也不可能再分离出可溶性物质，水中污染物浓度极高，势必增加了废水处理的难度和成本。

污水目前处理方法是先固液分离（可用沉淀法、过滤法和固液分离机等方法），将分离出的固体作干粪处理，液体可用沼气池处理，杀灭有害微生物，作为液体肥料使用。液体和沼液也可采用生物塘氧化等先进的处理技术，进行有效处理，达标后排放。

氧化塘处理法是利用天然水体和土壤中的微生物、植物和动物的活动来降解废水中有机物的过程。氧化塘又分为好氧塘、兼性塘、曝气塘和厌氧塘。

厌氧塘：水体中的有机物在厌氧菌作用下被分解产生沼气，沼气将污泥带到水面，形成了一层浮渣，浮渣可保温和阻止光合作用，维持水体的厌氧环境，厌氧塘净化水质的速度慢，废水在氧化塘中停留的时间最长。

曝气塘：在池塘水面安装有人工曝气设备的氧化塘。曝气塘水深为3～5米。全部塘水有溶解氧，由好氧微生物起净化作用，污水停留时间较短。

兼性塘：兼性塘水深在0.6～1.5米。水体上层含氧量高，中层和下层含氧量低。，阳光可透过塘的上部水层。在池塘的上部水层，生长着藻类，藻类进行光合作用产生氧气，使上层水处于好氧状态。而在池塘中部和下部，由于阳光透入深度的限制，光合作用产生的氧气少，大气层中的氧气也难以进入，导致水体处于厌氧状态。中层的溶解氧逐渐减少，称兼性区，由兼性微生物起净化作用。下层塘水无溶解氧，称厌氧区，沉淀污泥在塘底进行厌氧分解。

好氧塘：好氧塘的深度较浅，只有0.2--0.4米，阳光能透至塘底，塘内生长藻类，塘内菌藻共生，藻类的光合作用可向水体提供氧气，水面大气也可以向水体供氧。塘中的好氧菌在有氧环境中将有机物转化为无机物，从而使废水得到净化。

除上述几种生物塘外，还有水生植物塘和生态养殖塘也应用于污水净化。水生植物塘主要是利用放养植物的代谢活动对污水进行净化，放养的植物应有较强的耐污能力，常用的水生植物有水葫芦、绿萍、芦苇、水葱等。生态养殖塘主要养殖鱼类、螺、蚌和鸭、鹅等水禽，通过水产动植物的活动，将废水中的有机质转化为水产品。

四、减轻废弃物污染的其他技术措施

（一）规模要与环境相适应

在建场之前，就要考虑周边对粪污的消化能力。这样既可减少污染物处理成本，还能变废为宝，将粪污用作农作物的肥料。规划的养殖规模较大时，可以适度分散建设成几个分场。

（二）推广应用发酵床养猪

发酵床养猪技术是近年来出现的一项新的养猪技术。发酵床养猪技术的原理是运用土壤里自然生长的土壤微生物来迅速降解、消化猪的排泄物，达到零排放，减少对环境污染的目的。由于发酵床式猪舍内不能使用抗生素等药物，猪肉品质也会有所改善。

参考文献

［1］ 杨公社．猪生产学(面向21世纪课程教材)．中国农业出版社,2002.

［2］ 赵书广．中国养猪大成．中国农业出版社,2000.

［3］ 陈润生．猪生产学．中国农业出版社，1996.

［4］ 陈清明,等．现代养猪生产．中国农业大学出版社，1997.

［5］ 吴同山．集约化养猪实用技术手册．广东科技出版社，2005.

［6］ 李如治．家畜环境卫生学(第三版)．中国农业出版社，2007.

［7］ 猪饲养标准（NY/T 65－2004)．中华人民共和国农业行业标准．2004.

［8］ 经荣斌,等．肉猪高效饲养180天．江苏科技出版社，1997.

［9］ 加拿大阿尔伯特农业局畜牧处主编．刘海良译．养猪生产．中国农业出版社,1998.

［10］ Palmer J. Holden，M. E. Ensminger 著,王爱国译,养猪学．中国农业大学出版社,2007.

［11］ 崔治中,杨汉春,陈小林,等．猪链球菌病防治知识问答．2005.

中国香猪养殖实用技术	5.00 元
肥育猪科学饲养技术(修订版)	10.00 元
小猪科学饲养技术(修订版)	8.00 元
母猪科学饲养技术(修订版)	10.00 元
猪健康高效养殖	12.00 元
图说高效养猪关键技术	18.00 元
猪饲料配方 700 例(修订版)	10.00 元
怎样应用猪饲养标准与常用饲料成分表	14.00 元
猪瘟及其防制	7.00 元
猪病防治手册(第三次修订版)	16.00 元
猪病诊断与防治原色图谱	17.50 元
养猪场猪病防治(第二次修订版)	17.00 元
猪防疫员培训教材	9.00 元
猪繁殖障碍病防治技术(修订版)	9.00 元
猪病中西医结合治疗	12.00 元
猪病诊治 150 问	13.00 元
猪病鉴别诊断与防治	13.00 元
猪病鉴别诊断与防治原色图谱	30.00 元
猪场兽医师手册	42.00 元
断奶仔猪呼吸道综合征及其防制	5.50 元
猪传染性萎缩性鼻炎及其防治	13.00 元
仔猪疾病防治	11.00 元
养猪防疫消毒实用技术	8.00 元
猪链球菌病及其防治	6.00 元
猪细小病毒病及其防制	6.50 元
猪传染性腹泻及其防制	10.00 元
猪圆环病毒病及其防治	6.50 元
猪附红细胞体病及其防治	7.00 元
猪伪狂犬病及其防制	9.00 元
猪流感及其防治	7.00 元
甲型 H1N1 流感防控 100 问	7.00 元
图说猪高热病及其防治	10.00 元
实用畜禽阉割术(修订版)	10.00 元
新编兽医手册(修订版)	49.00 元
兽医临床工作手册	48.00 元
畜禽药物手册(第三次修订版)	53.00 元
兽医药物临床配伍与禁忌	27.00 元
畜禽疾病处方指南	53.00 元
禽流感及其防制	4.50 元
畜禽结核病及其防制	10.00 元
养禽防控高致病性禽流感 100 问	3.00 元
人群防控高致病性禽流感 100 问	3.00 元
畜禽衣原体病及其防治	9.00 元
鸡传染性支气管炎及其防治	6.00 元
家畜普通病防治	19.00 元
畜禽病经效土偏方	8.50 元
中兽医验方妙用	10.00 元
中兽医诊疗手册	45.00 元

家畜旋毛虫病及其防治	4.50 元
家畜梨形虫病及其防治	4.00 元
家畜口蹄疫防制	10.00 元
家畜布氏杆菌病及其防制	7.50 元
家畜常见皮肤病诊断与防治	9.00 元
家禽防疫员培训教材	7.00 元
兽医中药配伍技巧	15.00 元
禽病鉴别诊断与防治	6.50 元
无公害养殖药物使用指南	5.50 元
畜禽抗微生物药物使用指南	10.00 元
常用兽药临床新用	14.00 元
动物产地检疫	7.50 元
动物检疫应用技术	9.00 元
畜禽屠宰检疫	10.00 元
动物疫病流行病学	15.00 元
马病防治手册	13.00 元
鹿病防治手册	18.00 元
马驴骡的饲养管理（修订版）	8.00 元
畜病中草药简便疗法	8.00 元
畜禽球虫病及其防治	5.00 元
家畜弓形虫病及其防治	4.50 元
科学养牛指南	29.00 元
养牛与牛病防治（修订版）	8.00 元
奶牛场兽医师手册	49.00 元
奶牛良种引种指导	8.50 元
奶牛高产关键技术	12.00 元
奶牛肉牛高产技术（修订版）	10.00 元
奶牛高效益饲养技术（修订版）	16.00 元
怎样提高养奶牛效益（第 2 版）	15.00 元
奶牛规模养殖新技术	21.00 元
奶牛高效养殖教材	5.50 元
奶牛养殖关键技术 200 题	13.00 元
奶牛标准化生产技术	10.50 元
奶牛围产期饲养与管理	12.00 元
奶牛健康高效养殖	14.00 元
奶牛挤奶员培训教材	8.00 元
奶牛饲料科学配制与应用	15.00 元
奶牛疾病防治	10.00 元
奶牛常见病综合防治技术	13.00 元
奶牛胃肠病防治	6.00 元
奶牛乳房炎防治	10.00 元
奶牛无公害高效养殖	9.50 元
奶牛实用繁殖技术	6.00 元

以上图书由全国各地新华书店经销。凡向本社邮购图书或音像制品，可通过邮局汇款，在汇单“附言”栏填写所购书目，邮购图书均可享受 9 折优惠。购书 30 元（按打折后实款计算）以上的免收邮挂费，购书不足 30 元的按邮局资费标准收取 3 元挂号费，邮寄费由我社承担。邮购地址：北京市丰台区晓月中路 29 号，邮政编码：100072，联系人：金友，电话：(010) 83210681、83210682、83219215、83219217（传真）。